理科少女の料理實驗室 1

好吃的祕密是這個啊!?

山本 史 やまもとふみ 著

nanao 繪

緋華璃 譯

目錄

人物介紹

佐佐木理花

小學五年級，最討厭理化了！
但是，事實上……

廣瀨蒼空

小學五年級，班上最帥的男生！
正在學習如何當一名甜點師傅。

金子百合

小學五年級，
理花和蒼空的同班同學。

理花的爸爸

在大學當老師，
非常熱愛甜食。

理花的媽媽

不太會做飯，
比較擅長吃東西。

蒼空同學的爺爺

Patisserie Fleur
唯一的甜點師傅。

1 一 教學參觀日

「這題我會！」

今天是教學參觀日，因此，平常在不同教室上課的五年級和六年級的學生們都聚集在體育館裡，一起進行特別教學。或許因為這不是平時熟悉的教室，也不是平時一起上課的同學，大家都很緊張，也有些害羞，更有點不安。

我也不例外，因為今天要和六年級的學生一起上課，而且後面還站

了一群大人們，全都雙眼直勾勾地盯著我們看。

明明現在還是春天，體育館裡卻熱得要命，爸爸媽媽也都穿著短袖，看起來快中暑了！

「這題我會！選我、選我！」

這時，有個男生一直舉手，非常引人注目，他是我們班的風雲人物，廣瀨蒼空同學。他非常有活力，就連指尖都伸得筆直，他的朝氣彷彿能夠把暑氣吹散。

蒼空同學人如其名，有如萬里無雲的晴空，是個非常開朗，氣質清爽的一個大男孩。同時，他也是班上最帥的男生，他的眉毛形狀非常好看，大大的眼睛亮晶晶的，眼神也十分堅毅。

「長得好像明星啊……」開始有人竊竊私語。

蒼空同學不只長得帥氣，對每個人都非常和善，跟所有的人都相處得很好。班上的女生覺得蒼空同學很帥，大家都想跟他做朋友。

「真有精神啊！那就由你來回答吧！」老師露出苦笑，讓他起身回答。因為除了蒼空同學以外，沒有其他人舉手。

「答案是肥皂！？」

蒼空同學答錯了……

他的答案引來一陣哄堂大笑，他則歪著頭，不以為意的說：「我還以為是這個答案！因為碳酸飲料裡不是會有泡泡嗎？」

與其說他就算答錯也不會放在心上，我在想，該不會他是故意答錯，好藉此炒熱現場的氣氛吧？只要有蒼空同學在的地方，大家臉上都充滿笑容，跟我簡直是天壤之別。

跟他不同，我就算知道答案也膽小不敢舉手，只會保持沉默。

「有沒有其他人知道答案？剛才已經答出砂糖、檸檬汁了，還差一樣！這裡面還加了什麼東西？」老師舉起燒杯，再大聲的問一遍。

燒杯裡面裝著透明的液體，裡頭有氣泡在跳躍，還閃閃發光。

蒼空同學又舉手，再次把大家逗得哈哈大笑，但老師似乎想讓別人回答，耐心等待還有沒有其他人願意舉手回答。

可惜沒有其他人舉手，整個體育館裡靜悄悄的，鴉雀無聲。

該不會只有我知道吧？想到這裡，我的心臟撲通撲通的狂跳，手也蠢蠢欲動地想要舉起來，但我強忍下這股衝動，用力握著拳頭。

明知背後傳來充滿期待的視線，我還是默不作聲。

我能感覺到，視線的主人是爸爸，他正在等我舉手，用我最擅長的理化為他爭光，可是我始終不發一語。

因為……因為我最討厭理化了！

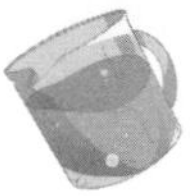

2 — 討厭理化的原因

「理花，那個問題很難嗎？妳以前不是曾跟爸爸一起做過實驗？」

才踏進家門，就聽到爸爸問我這個問題。

「嗯……還好吧！我只是有點緊張所以忘記了。」我避重就輕，一語帶過。因為我不想說我討厭理化，不想傷爸爸的心。

爸爸是理學博士，同時也是一位大學教授。受到爸爸熱愛理化的影響，我從小就做了許多關於自然的實驗。像是抓蟲回家養、用花草做成

有顏色的水、晚上觀測月亮或星星的移動，因此，在學校課程的科目裡，我以前最喜歡的就是理化，家裡還有各式各樣的圖鑑，例如：昆蟲圖鑑、動物圖鑑、宇宙圖鑑、恐龍圖鑑、元素圖鑑……等等，每本我都看過好幾次，內容都快要背起來了。

昆蟲圖鑑和動物圖鑑有很多罕見的昆蟲和動物，看完像是去了一趟動物世界；宇宙圖鑑就像帶領我從這顆星球，到另一顆星球去旅行。當我翻開恐龍圖鑑，想像幾萬年前的地球是什麼樣子？內心就會雀躍不已。至於元素圖鑑裡面則充滿了我們所居住的這個世界，肉眼看不見的小東西。

一想到我的身體、這個世界上的一切，都是由這本圖鑑裡介紹的東西所構成的，就覺得好開心！我曾經以為大家都跟我一樣……

但是，升上小學三年級時，我原本喜歡的世界被推翻了。

當時，剛重新編班，我和新朋友一起玩，大家提議帶自己的寶物來學校，我也充滿熱情地特別準備了一番。

說到寶物，當然要帶那個去啦！我自己做的鹽結晶、我最喜歡的元素圖鑑、還有我千辛萬苦才抓到的吉丁蟲。

我信心十足，把鹽結晶、元素圖鑑和裝有吉丁蟲的昆蟲觀察箱並排放在桌上。

大家一定會覺得很厲害吧？我滿心期待看著大家的表情。

「這是妳的寶物？理花同學好奇怪……居然喜歡昆蟲，簡直跟男生一樣。我有點不能接受……」

大家紛紛後退，露出嫌惡的表情，讓我有點難過。

就在那一刻，我才注意到朋友們帶來的東西，不是玩偶就是貼紙，再不然就是插圖可愛的故事書，或是亮晶晶的飾品，全部都是色彩繽紛，令人眼睛為之一亮的東西。

「好奇怪」、「跟男生一樣」……這些話刺進我的心裡，原本引以為傲的寶物，瞬間變成廢物！

比起粉紅色或紅色的飾品，無色、透明的鹽結晶頓時變得平淡無奇；圖鑑根本不值得一提；吉丁蟲更是噁心的代名詞。意識到這一點，自己喜歡的東西突然變得很「奇怪」，我感到非常、非常的羞恥。

那些裡面有著各種閃亮礦物的元素圖鑑，就像在眾人包圍下，有點格格不入的我，我趕緊把它們收進包包裡。

原本閃爍著霓虹光芒的吉丁蟲，像寶石一樣耀眼的翅膀，在大家的批評下看起來真的變得好噁心……因此，我也附和的說：「對啊！好噁心！」打開昆蟲觀察箱的蓋子，我放走了吉丁蟲。

從此以後，我就跟一般的女孩子一樣，不再捕捉昆蟲了。家裡的昆蟲也如同我對理化的想法，一起飛向外面的世界，漸漸的遠離我。

我悄悄望向院子，院子裡有一間組合屋，周圍是盛開的茱萸，那是爸爸為了做實驗，特別打造的實驗室。

從小，我和爸爸在這間組合屋裡做了許多實驗，像是觀察蝌蚪的生態、研究是鍬形蟲還是獨角仙的力氣比較大？製作鹽的結晶、肥皂、電池……

即便是假日，還是自動自發的做了許多研究。

當我告訴爸爸，我不想再做實驗了，爸爸只是淡淡的回答：「既然如此，我也不能勉強你，理花可以去做自己想做的事情！」

從此，爸爸真的不再約我去抓昆蟲或做實驗……或許爸爸對我很失望也說不定，可是，我已經決定再也不做實驗了。因為我不想再經歷一次那麼傷心的回憶了……

今天也是，我再次下定決心，緊緊握住拳頭，爸爸對著我說：「妳看起來沒有什麼精神，我們去買蛋糕吧！」

「前天不是才吃過嗎？」我提醒他。

「偶爾吃一下有什麼關係？」爸爸說。

爸爸非常愛吃甜食，附近有間他很喜歡的蛋糕店，爸爸至少每個禮拜都會去光顧一次，吃到肚子都長出「游泳圈」了，但他一點也不介意，只是，再不節制一點可就傷腦筋了。

媽媽也忍不住抱怨：「理花也喜歡身體健康的爸爸吧？所以，妳跟爸爸說一聲，要他別吃那麼多甜點了。」

問題是，就算我說了，爸爸也聽不進去吧？爸爸的理由是，甜的食物——也就是葡萄糖，會轉換成頭腦的養分，是爸爸努力工作時，需要的熱量來源。

3 蒼空同學的夢想

走了十分鐘左右，那間蛋糕店映入眼簾。爸爸告訴過我，那家店的名字念「Patisserie Fleur」。

Fleur是花的意思，我覺得很親切，因為我的名字就叫理花。

當我走近那間總是被鮮花圍繞，看起來非常漂亮的店時，突然傳來一陣怒吼讓我嚇了一大跳！

我停下腳步。

「要我說幾遍你才懂！不要亂加材料！不要亂攪拌！腦子不靈光的傢伙給我滾出去！」

過了一會兒，有個穿著雪白制服的年輕女子從店裡奪門而出，後面跟著一個橫眉豎眼的老爺爺。

老爺爺有著一頭夾雜著銀絲的頭髮、粗獷的眉毛，他的額頭和眼睛周圍佈滿了皺紋，全身散發著頑固的氣息。我記得這位老爺爺就是Patisserie Fleur的老闆。

咦？怎麼了？吵架嗎？

我跟爸爸互看一眼，躲在樹叢後面，觀察店裡的情況。只見女子對著老闆大喊：「您每天都只讓我做一堆雜事，我的腦筋怎麼可能靈光得起來！我希望快點做出『夢幻甜點』，所以才來這裡向您學習，可是您根本不肯傳授我……」

夢幻甜點？聽起來好吸引人。

「什麼是『夢幻甜點』？」爸爸露出垂涎三尺的表情，輕聲說道。

爸爸果然是甜點控！眼神都變了！

我還在驚訝的同時，又聽到老闆嘆氣說：「什麼『夢幻甜點』？連妳也是嗎？你們這些人根本都還沒學會怎麼走路，就想要開始飛，真是傷腦筋！事實上，根本沒有什麼『夢幻甜點』。如果妳來這裡的目的是為了什麼『夢幻甜點』，還是趕快辭職，別再浪費時間。」

「少騙人了。誰不曉得Patisserie Fleur的『夢幻甜點』是『殿堂級的甜點』！其實是您不想傳授給我吧！」女子將白色的貝雷帽往地上一扔，丟下一句：「這種店我也待不下去了！」說完，轉身就走。

劇烈的爭吵令我不知所措，耳邊傳來腳步聲，有人撿起帽子。

「傷腦筋，人又被您氣跑了。這是第幾個了？真是的，爺爺，您真的太嚴格啦！」

咦？我好像在哪裡聽過這個聲音……

我忍不住把頭從樹叢後面探出來，眼前是張熟悉的臉……濃密的眉毛和閃亮亮的大眼睛，這、這、這張臉是在教學參觀時，每次都勇敢舉手，我的同班同學——廣瀨蒼空！現在他就在我的面前！

他剛叫老闆「爺爺」？也就是說，蒼空同學是 Patisserie Fleur 老闆的孫子？這可是新情報，之前完全沒聽說過。

「那是他們太沒有毅力了。」老闆不以為然的反駁。

蒼空同學戴上撿起的貝雷帽，噗哧一笑，說道：「爺爺一個人忙不過來吧？差不多應該……了吧？」

「開什麼玩笑，我看到你這次考試的成績單了，簡直慘不忍睹。」

老闆有點嚴肅的說著。

「那、那是因為……那時候有點……不小心而已！但其他的分數就很高啊！」蒼空同學努力想解釋的樣子。

考試？什麼考試？因為蒼空同學背對著我們，聽不太清楚他在說什麼？但是我好想知道，所以努力豎起耳朵……

「不小心？那可是製作甜點不可或缺的部分，基礎不行的話，根本什麼都不必說了。」說完就轉身背對蒼空同學。「傷腦筋……又得徵人了……啊！」老闆突然痛苦的抓住胸口，蹲了下去。

「爺爺？爺爺！」蒼空同學大聲喊叫，我和爸爸不假思索，立刻衝到店門口。

「您不要緊吧？」爸爸問道。

「蒼、蒼空同學，你沒事吧？」我也問蒼空同學。

「佐佐木？」蒼空同學露出大吃一驚的表情，隨即滿臉不安的對爸爸說：「我爺爺的心臟不太好。」

「你是廣瀨同學吧？你住在哪裡？家裡有大人在嗎？」

蒼空同學臉色蒼白，他回答：「就在隔壁。我去找媽媽過來！」蒼空同學立刻衝向隔壁的房子，爸爸也馬上拿起行動電話叫救護車。沒多久，救護車就來了。

現場一片混亂，爺爺被抬上救護車準備送去醫院。

蒼空同學的媽媽安慰他：「別擔心，這是爺爺的老毛病。爸爸很快就回來了，你留下來看家。」說完，她留下蒼空同學，跟著坐上了救護車，陪同爺爺去醫院。

蒼空同學一個人留在原地，臉上滿是愁容，就像烏雲遮住了太陽。

我不知道該說什麼才好？爸爸開口了：「你爺爺一定不會有事的，我很期待再吃到美味的甜點。」

「……嗯！」蒼空同學因為爸爸的話得到安慰，微微一笑。

見到他臉上露出與往常無異的笑容，我也放下心中的大石頭。

第二天是星期六，不用上學，所以見不到蒼空同學，也無法問他爺爺怎麼樣了？我一整天都坐立難安。

蒼空同學愁眉不展的表情，一直在我的腦海浮現，揮之不去。他爺爺不要緊吧？我很擔心他，可是又不敢直接過去打探情況。因為我只是剛好在場而已，平常幾乎沒有講過半句話……咦？這麼說來，我當時是不是叫他……蒼空同學？

大家都喊他蒼空同學，所以我也下意識的叫他名字，可是……仔細想想，我們並沒有熟到可以直接叫名字？真是太失禮了。

我後知後覺，發現這件事時自己都嚇呆了。啊啊啊啊！這麼一來，我更不曉得該拿什麼臉見他了？可是，我第一次看到那麼不安的蒼空同學，還是放心不下。

然而，就算去店裡找他，萬一 Patisserie Fleur 沒開呢？難道要我去他家找他嗎？這……難度太高了！因為我連去女同學家都會緊張，要我去男同學的家……想也知道辦不到！

我想得太專心，忘記時間了。正當我嘆氣的同時，時鐘的短針已經指到了三點。這時，爸爸的叫聲從客廳裡傳來。

「哎……糖分不夠了，腦筋轉不過來，沒辦法工作了啦！」今天雖然是假日，但忙碌的爸爸在家也要工作。「好想吃甜點啊！對了，昨天我們碰見的意外，Patisserie Fleur的老闆，後來不知道有沒有事？妳也很擔心吧？理花。」爸爸看了我一眼。

我默默點頭。

「說不定他已經恢復健康，開店做生意了。」爸爸嘟嘟囔囔著。

媽媽一副被爸爸打敗的模樣說：「昨天才被救護車送去醫院，怎麼可能今天就開店做生意？」

「這種事誰也說不準吧？」

「就算身體沒有大礙，也不可能馬上做甜點。你先忍耐一下吃超市賣的甜點吧！真拿你沒辦法，對甜點這麼執著。」

唉，爸媽又開始鬥嘴了。不過他們很快就會和好，俗話說越吵感情越好，根本就是在形容他們。

「超市甜點味道完全不一樣！一想到 Patisserie Fleur 的蛋糕，我肚子就餓了，再不吃甜點就無法工作了！有誰願意去幫我買回來嗎？」爸爸偷偷看了我一眼，我當場愣住，總覺得我想去看看的心情，已經被爸爸看穿了？

於是媽媽嘆了一口氣，往我這邊看過來。

我的內心升起一股不祥的預感！

「理——花——」媽媽笑容可掬，溫和的呼喚我，聽得我全身起雞皮疙瘩。

「什、什麼事？」

「妳可以去看一下 Patisserie Fleur 今天有沒有營業嗎？一來是擔心爺爺的身體。二來，如果確定沒有開門，爸爸就會死心了。」

就連媽媽也要我去 Patisserie Fleur，我不禁心慌意亂。照這樣看來，好像不去不行了！

「要不要……媽媽親手做？」

我忍不住這麼說，只見媽媽的眼神突然變得銳利起來，甚至說：「妳竟然要求媽媽做甜點，是不是糊塗了啊？」

因為媽媽不太會做菜，如果是普通的菜色，媽媽和爸爸結婚的時候非常認真的練習過，還勉強可以應付，但是甜點完全不行。雖然以前也曾經嘗試過，但失敗了幾次，不得不放棄。

所以爸爸常開玩笑：「媽媽比較擅長吃東西……」

媽媽接著又說：「要我去買甜點也不是不行……」

我心裡的大石頭還沒落地，媽媽就不懷好意的繼續說：「那妳要幫忙打掃嗎？」

媽媽都這麼說了，我還有選擇的餘地嗎？

打掃家裡比跑腿辛苦多了，更何況……我也想知道蒼空同學的爺爺是不是平安？

現在有了買蛋糕這個理由，我去看看應該沒關係吧？

我丟下一句：「我去就是了！」拿了買蛋糕的錢，走出家門。

走到Patisserie Fleur前，門口掛著「Ferme」的牌子。只見店門緊閉，猜想這個單字大概是「休息中」的意思吧？

蒼空同學的爺爺不要緊吧？真希望他能早日康復。

想到這裡，我正打算轉身離去的時候，店裡傳來「匡啷！」的聲音。

接著是：「哇啊啊啊！」的熟悉叫聲。

我嚇了一大跳，不假思索，伸手開門——門沒鎖？

「……蒼空同學？」

我朝著屋子裡大喊，蒼空同學從後面走出來。

「咦？佐佐木，妳怎麼會在這裡？」

我瞪大了雙眼。

只見穿著圍裙的蒼空同學出現在我面前，他的左右手分別拿著調理盆和打蛋器。

蒼空同學愣了一下，連忙把手裡的東西藏在身後。大概是手滑了，調理盆掉在地上，發出「匡啷」的一聲巨響！

「你、你在做什麼，蒼空同學……」

我呆若木雞，低頭看著蹲下去撿調理盆的蒼空同學。原本想問他爺爺的狀況和店裡的事，這下全都拋到九霄雲外去了。

「你……你在做甜點嗎？」

因為做甜點跟蒼空同學平常給人的形象不同，我才會忍不住驚訝的脫口而出，沒想到蒼空同學的眼神瞬間變得冰冷，跟平常不一樣的表情，令我大驚失色。

「佐佐木也會說我『奇怪』吧？」

「咦……？」

他好像在生氣？可是……為什麼？

我還在驚慌失措的時候，蒼空同學接著說：「可以請妳回去嗎？我現在很忙。」

我感覺像是被人潑了一盆冷水。

「抱、抱歉。」

我走出店門，轉身打算回家，蒼空同學的態度跟平常差太多了，讓人感受到很大的衝擊。我垂頭喪氣，有點難過，然而……蒼空同學冷冰冰的表情一直在腦海浮現。

他看起來好生氣，可是也好寂寞的樣子，為什麼要露出那樣的表情呢？我做了什麼惹他生氣的事嗎？否則，那麼溫柔的蒼空同學不可能說出那種話……

想到這裡，我停下腳步。

「……奇怪？」

「理花同學好奇怪……」

蒼空同學那句話和以前有人對我說過的話，同時在我腦海冒了出來。那個時候的我是什麼樣的心情？是不是感覺整個世界天翻地覆，無比震驚，無比……悲傷？

難道……蒼空同學誤會了，以為我認為他很奇怪，所以才會傷心的露出那種表情？

意識到這個可能性，我馬上衝回店裡。

「我一點也不覺得你奇怪！」推開店門的同時，我放聲大喊。

蒼空同學驚訝的反問：「佐佐木，妳不是回去了嗎？」

看到他一臉茫然的表情，我這時才反應過來。唉呀！我在說什麼？我明明不是這種會放聲大喊的人！此刻的我覺得尷尬，只想逃走，可是我咬緊牙關，強迫自己留在原地。

因為……因為……蒼空同學剛才那副寂寞的表情，實在太不適合他了！我不能放任他不管！

「我只是有點驚訝，但一點也不覺得奇怪！」希望他能明白我的意思。我向上天祈求，直視蒼空同學，說道：「你不喜歡別人說你奇怪吧？所以我一定要解釋清楚才行，我一點也不覺得你奇怪。」

「佐佐木……」

蒼空同學瞪圓了雙眼，一時半刻反應不過來，然後嘆了一口氣。原本銳利的眼神，頓時放鬆下來，臉上浮現出一如既往的笑容。

「謝謝妳特地回來跟我說這句話，還有……對不起，謝謝你們昨天的幫忙。幸虧有佐佐木的爸爸幫忙叫救護車，而我卻……我真是太差勁了。」蒼空同學的表情變得有如陽光般和煦，看得我心情也隨著開朗。

「你爺爺沒事吧？」

「沒事，據說是太操勞了，必須暫時住院觀察，但是並無大礙。」

蒼空同學坐在圓板凳上，輕聲嘆息：「我……將來想成為像爺爺那樣的甜點師傅。」

「甜、甜點師傅？」

我有些詫異，這還是第一次聽他說這種話。不過，蒼空同學已經恢復成平常的樣子，點點頭。

「店名『Patisserie Fleur』是取自奶奶的名字。她很早以前就過世了，但我總覺得她還在店裡。如今爺爺病倒，萬一連這家店也倒了，總覺得一切都會消失……所以我想成為甜點師傅，守護這家店。」

所以才想學做甜點啊……得知蒼空同學努力的理由，我的內心感覺隱隱作痛。

冷不防，蒼空同學突然抬起頭來，氣鼓鼓的說：「可是，無論我怎麼求爺爺收我為徒弟，讓我在店裡學習，爺爺都不同意，所以才會過度操勞，以至於病倒。要是這家店因此倒閉，那可怎麼辦才好？」

「為什麼不讓你幫忙？」

而且昨天又有人辭職，人手應該會很不足吧？這時能主動幫忙的話，換作是我們家的媽媽，肯定求之不得。

「那是因為……」蒼空同學看著我，有些難以啟齒，他支吾其詞，推開椅子站起來，雙手握拳說：「無論如何，我一定要快點讓爺爺收我為徒，做出『**夢幻甜點**』證明我的能力！」

「你說的『夢幻甜點』是什麼？」

爺爺不是說沒有嗎……難道是騙人的？

見我一頭霧水的模樣，蒼空同學苦笑著解釋：「那是奶奶生日時會吃的甜點。爺爺在我小時候會做給我吃各種甜點，而且每種都超級美味。唯獨這款甜點，任憑我再三要求爺爺做給我吃，爺爺只說：『我已經做不出來了。』說什麼都不肯做給我吃。」

「所以才叫『夢幻甜點』啊！」

聽我這麼說，蒼空同學點點頭。

「如果爺爺做不出來，那我自己來做，不就好了嗎？」

蒼空同學說這話時，雙眼閃亮極了。自信的眼神令我覺得敬佩，我好羨慕他能擁有這樣的夢想。

「我爸爸一定會很高興！他聽到『夢幻甜點』時，眼睛都發直了，流露出超想吃的樣子。」

想起爸爸為了甜點著迷的模樣，我覺得好氣又好笑。蒼空同學笑著說：「看樣子妳的爸爸非常愛吃甜食呢！」

我點頭如搗蒜。

「所以肚子才會長出一個『游泳圈』。」

「哈哈哈！」

真是太好了！看蒼空同學恢復平日的開朗，我也很高興，希望他能笑口常開。

4 幫忙做餅乾

「話說回來，你在做什麼？」我問蒼空同學。

他隨手用手背抹了抹臉頰，可是因為手沾到麵粉，這一擦，反而把臉頰抹得白白的，看起來好可愛。

「我在烤餅乾，因為爺爺說餅乾是最簡單的甜點。啊！機會難得，我來做給佐佐木的爸爸吃吧？」

「可以嗎？」

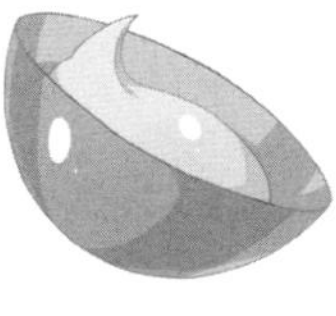

「包在我身上。」蒼空同學拍了拍胸脯。

哇！真不愧是甜點師傅的孫子。

我一邊感嘆，一邊看向前方……不鏽鋼的料理台上放著寫了份量的紙條，用鉛筆寫的字體蒼勁有力，看樣子應該出自於蒼空同學之手，旁邊還有一台平板電腦。

「這是食譜嗎？」

「嗯，我剛才用平板電腦上網查的，標榜『最簡單』的作法。」

「不是你爺爺的食譜嗎？」我看了看烘焙坊內的架子。

「爺爺的食譜……只有這個。」

蒼空同學拿起吊在牆壁掛勾上的一本老舊筆記本，除此之外，沒有其他筆記本或書，所以這本的可能性最大。

「可是……爺爺做甜點時，從來不看任何參考資料，他肯定已經全部記在腦子裡了。」蒼空同學說。

我想也是，畢竟他的爺爺有幾十年的豐富經驗，肯定全部記住了，不用一直看資料。

我翻開筆記本，上面寫了很多英文字母，這大概是所謂的草寫吧？字體很潦草，完全看不懂內容是什麼？

「這是英文嗎？」

「大概是吧？可是我的英文不好，完全沒轍。」

「我也還沒學過，看不懂。」

「所以我才上網查。」蒼空同學說，他開始測量材料的份量。

「我瞧瞧……」

蒼空同學取出麵粉，手裡拿的卻是量杯……咦？我重新看了一次紙條，懷疑自己的眼睛。

「嗯……一百五十公克應該是這條線吧？」

蒼空同學將麵粉倒入量杯，上面刻著一百五十的高度位置。

我還沒反應過來，蒼空同學又拿起砂糖，只聽到他說：「五十公克大概是這麼多吧？」他開始把砂糖倒進量杯裡……

等等，公克？他剛剛說的是公克吧？我皺著眉頭思考，只見蒼空同學繼續從冰箱拿出奶油。

「嗯，這個是一百公克……要怎麼倒進去呢？硬塞嗎？」

只見蒼空同學準備要把固體的奶油塞進量杯裡，我終於忍不住出聲阻止：「等一下！」

「怎麼了？」

「蒼空同學，你拿錯測量的工具了！」

蒼空同學要量的是公克——也就是「重量」，可是他卻用「容量」

的工具來測量，但我不曉得該怎麼向一臉困惑的蒼空同學解釋。

我說：「如果要測量重量，應該要用磅秤，而不是量杯。」

「重量？磅秤？」

真傷腦筋，要怎麼解釋才好！

「那個……蒼空同學，你該不會不太擅長數學和理化吧？」我小心翼翼的詢問，蒼空同學露出被踩到痛處的表情，不發一語。

「首先，你知道量杯的刻度單位是立方公分（cc）嗎？」

蒼空同學點點頭，然後自信滿滿的說：

「一立方公分等於一毫升（ml），而一毫升等於一公克（g）！」

幸好，他還知道這些，我稍微放下心中大石。課堂上確實是這麼說的沒錯，可是那只適用於特別的場合，不能一概而論。

「只有『水』是一毫升等於一公克。重量依物體而異，所以如果是水，確實可以用量杯測量，但其他東西就不行了。我想想……就像磁鐵和橡皮擦，即使大小相同，重量也不一樣吧？」

蒼空同學還是一臉困惑不解的表情。

嗯，既然如此，只能實際舉例給他看了。

我把量杯放上磅秤，先將水注入到一百五十的刻度，磅秤的數字顯示一百五十公克，再拿另一個量杯，將麵粉倒滿一百五十的刻度。

結果——

「你看，麵粉是八十三公克！只有水的一半重量！如果用錯測量工具，麵粉的份量就會不夠了。」

「佐佐木……妳好厲害！居然知道這種事？」聽完我一口氣的說明，蒼空同學目瞪口呆的說。

實驗！理花的科學講座……①測量各種物體的重量！

真是太不可思議了！明明東西都裝在同一個杯子裡面，重量為什麼會不一樣呢？

大家也在量杯裡，裝入各種不同的東西吧！將量杯裝滿到相同刻度的位置後，再來量一下重量。試試看，最輕和最重的東西分別是什麼呢？

長度一樣的球棒，塑膠製的球棒會比金屬製的球棒還要輕嗎？

動動腦想一想

兩樣東西中，哪個比較重，差多少呢？思考這個問題的時候，只要準備兩樣大小相同的物品，各自秤重就行了！

在科學的世界裡，假設大小相同，比較重的那個「密度」比較大，比較輕的那個「密度」比較小喔！

試著找出「密度」比較大的東西和比較小的東西吧！

※實驗時，記得要先跟家裡的人報備喔！

「並、並沒有！」

因為這些上課全都教過了！

突如其來的讚美令我手足無措，蒼空同學突然「啪」的一聲！雙手合十，朝向我說：「佐佐木，拜託妳！」

「拜託我什麼？」我下意識地往後退一步，蒼空同學緊迫盯人，往前逼近一步。

欸，等一下！臉靠得太近了！

「請妳協助我做甜點！不瞞妳說，我的數學和理化糟透了！上次考試的成績也慘不忍睹！爺爺總是教訓我說：『料理即科學，以你現在的能力要成為甜點師傅，除非太陽從西邊出來！』所以他只准我在旁邊看，不讓我幫忙，除非我學會計算份量！」

什麼？所以他只是用看的？這麼說來，不是跟初學者沒兩樣嗎！

「求求妳了！」蒼空同學又繼續央求。

「不行啦！我、我沒做過甜點！」

「別擔心，除了計算份量之外，其他我都私下練習過了！」

拜託妳——

他的臉龐距離我超近，看他如此誠心誠意的拜託，我也被他的心意感動……嗯，等等！這不是重點，重點是——

蒼空同學，你的臉靠得太近了！

有型的眉毛、雙眼皮底下又圓又亮的眼睛，清澈的雙眸閃爍著自信的光芒，真的是非常帥氣啊！

哇啊啊啊！雖然不是第一次看到他，但蒼空同學認真的模樣！真的太耀眼了！

兩張臉的距離近到我幾乎能感受到他的鼻息，我的腦中突然一片空白，一定得趕快脫離這種狀況才行！不然我的心臟會承受不住！

「那個，我真的可以嗎？」

像我這種人……我的腦海中浮現出自我貶低的念頭。

「非妳不可。」蒼空同學說得斬釘截鐵。

非我不可……？這句話彷彿有魔力。

「好、好吧……」不知不覺，我居然答應了！

咦？啊？我答應了什麼？

我嚇傻了，可惜為時已晚。蒼空同學露出陽光般燦爛的笑容，讓我無法反悔。

「那就馬上來做吧！」蒼空同學鬥志高昂。

烘焙坊就在店的後面，冰箱裡裝滿了各種材料。我的內心感到一絲不安，直接使用不會挨罵嗎？看我一臉擔心，蒼空同學連忙解釋：「我問過媽媽了，她說放到壞掉反而會浪費，要我好好利用。」

原來如此，那我就放心了。

只見不鏽鋼的料理台上擺滿了各種工具，包括：磅秤、量杯、調理盆和打蛋器等，全都擦得亮晶晶。

我們這次正確使用磅秤把麵粉、奶油及砂糖秤重，然後和蛋液一起放進調理盆裡攪拌均勻，等到把麵團攪拌成跟耳垂一樣柔軟時，再放到撒滿麵粉的料理台上，用桿麵棍把它擀開來。

蒼空同學用模型切割出形狀，然後將麵團放在烤盤上，放進預熱好的烤箱裡。果然是「最簡單」的作法，步驟非常簡單。

可是……

「嗯……這個味道跟爺爺做的餅乾完全不一樣……」

奶油的甜香味瀰漫在空氣中，但蒼空同學似乎不太滿意，我倒是覺得很好吃。因為這是第一次做吧？能做成這樣已經很了不起了。不過，蒼空同學畢竟是甜點師傅的孫子，想必已經吃慣各種美味可口的甜點了。

「爺爺做的餅乾好像還要再酥脆一點……至於這個，感覺比較硬，口感也有點油膩。你覺得呢？」

「我覺得很好吃啊……」我提出反駁，但也覺得味道太普通，跟店裡賣的餅乾不太一樣。

說到餅乾，光是超級市場賣的餅乾就有很多種，有薄的、硬的，也有鬆鬆軟軟的餅乾，或許，每種餅乾的配方和作法都不一樣。

如果用「最簡單」的食譜就能做出跟店裡賣的餅乾一樣好吃的話，那就沒有人會來買餅乾了。爺爺肯定有特殊的方法吧？

「該怎麼做才能烤出酥脆的口感呢？」

「酥脆的餅乾嗎？」

我腦中閃現最近思考過的題目……是什麼來著？我一下子想不起來，不禁陷入沉思。如果不弄清楚，我會一直記掛，感覺很不舒服。

這時，平板電腦映入我的眼簾。

「要不要再查一次看看？」

聽到我的提議，蒼空同學無奈的說著：「這個……」他舉起平板電腦，試圖解鎖，但畫面中只出現一行字。

「今日使用時間已滿」

「爸爸媽媽怕我沉迷電玩遊戲，設定了使用時間。佐佐木家沒有規定使用電腦的時間嗎？」蒼空同學露出無奈的表情。

「我沒有自己的平板電腦。」

「這樣啊……」

蒼空同學一臉遺憾的望向窗外，我也順著他的視線看了出去，天色已經逐漸暗下來了。

看了看時鐘，快五點了，我猛然想起：「啊！我該走了……我本來只是出來買甜點的！」

蒼空同學看起來非常失望，仰天長嘆。我趕緊補充：「那、那個，我回去再跟爸爸借電腦查一下。」

「可以嗎？」

「因為我也不喜歡碰到問題無法解答的感覺。」聽我這麼一說，蒼空同學臉上的陰霾馬上一掃而空。

「那妳明天也可以陪我一起研究嗎？啊，我上午要打棒球，我們就從下午開始吧！」

我聽說過蒼空同學打棒球的時候，會丟出球速很快的球，引來觀眾的尖叫。看來，他應該是一位厲害的投手呢！

我答應了，反正明天也沒別的事要做。

「那就明天見啦！」

「等一下，妳忘了這個。」蒼空同學遞上剛才我們一起做的餅乾。

「我可以收下嗎？」

「我不是說過要做給妳爸爸吃嗎？說是這麼說，但這是我們一起做的，妳幫了很多忙……既然如此，這個也給妳！」說著，蒼空同學從冷凍庫裡拿出三片餅乾。

仔細一看，那三片餅乾的形狀歪七扭八，表層還有點烤焦。

「這是我爺爺做的餅乾，算是失敗品，不能放在店裡賣。本來是我要吃的，現在就送給你吧！」

「我爸爸一定會很高興。」

「那就好……」蒼空同學說到這裡，換上認真的表情。「佐佐木，謝謝妳。」他用清澈的大眼睛充滿誠意地看著我說。

「沒、沒什麼……不用客氣！」

我丟下這句話，有點慌張的走出Patisserie Fleur。

回家的路上，我才慢慢的感受到這一切都是真的。我居然……居然和蒼空同學成為朋友，還一起烤餅乾？我差點就要跳起來了，連忙按住小鹿亂撞的胸口，一路上蹦蹦跳跳，愉快的踏上歸途。

5 差了一點的餅乾

到家之後，晚餐的香味迎面而來，爸爸卻不在客廳裡。

「媽媽，爸爸呢？」我朝著廚房發問，媽媽探出臉來回答：「他臨時被叫去工作，要很晚才會回來。」

「怎麼這樣？人家還特地去幫他跑腿。」

「是妳太慢了，爸爸等了好久。妳怎麼去了這麼久？」

我把自己做的餅乾遞給媽媽，媽媽驚訝的問道：「這是什麼？」

我向媽媽說明因為爺爺過勞，現在住院休養，Patisserie Fleur要暫時休息一陣子，所以蒼空同學想替爺爺烤餅乾，找我幫忙的事情。

媽媽咬下餅乾，瞪大眼睛的說：「哇！很好吃，爸爸一定會很高興的享用。」

「雖然比不上爺爺烤的餅乾……」

「我想，再也沒有比女兒親手做的餅乾更好吃的東西了。」

我總共帶回十片自己做的餅乾，把五片留給爸爸，我和媽媽一起吃了另外五片，還各吃了一片爺爺烤的餅乾。

媽媽一口咬下爺爺做的餅乾，雙眼發亮的說：「專業做的果然不一樣。」然後轉身回到廚房繼續準備晚餐。

我也咬了一口，那個口感酥脆又輕盈，奶油的香氣在口中散開來……我立刻明白蒼空同學那句「完全不一樣」是什麼意思了？

「要怎麼做，才能烤出這樣的餅乾呢？」

我把蒼空同學做的，還有爺爺做的餅乾，各咬了一口，放在盤子裡，目不轉睛的盯著看。

由上往下看，餅乾的大小幾乎沒有什麼差別，也看不出哪裡不同？從旁邊看呢？我轉動餅乾的方向，側著頭觀察。

奇怪？

「這塊餅乾有很多空隙。」

蒼空同學做的餅乾很扎實，但爺爺做的餅乾充滿了小洞。

「難道，這就是酥脆的原因？」我的心臟開始撲通撲通的狂跳。

嗯……如果是這樣，應該怎麼製造出這些小洞呢？洞……空隙……也就是說，裡面有空氣？

空氣？嗶嗶剝剝的氣泡……我繼續展開聯想，眼角餘光瞥見客廳裡的金魚缸，靈機一動！

「氣泡！就是氣泡！」

我情不自禁的站起來，走進自己的房間，打開書桌的抽屜。在最上層的抽屜深處摸到一把小巧的鑰匙，然後走進院子裡，站在茱萸下的小屋前。這裡是爸爸和我的實驗室，自從我開始討厭理化以後，我就再也沒進去過了。

我還以為自己這輩子再也不會踏進來這裡。可是……現在為了解開謎團，我需要這個實驗室！

動手吧！我緊緊握住鑰匙，插進鑰匙孔。伴隨著「喀！」的一聲，門打開了。

風吹過來，像是輕輕從我背後推了一把。只見屋子的正中央有一張偌大的實驗桌，靠牆的窗戶兩邊有著大大的書櫃和小小的冰箱，以及一台水波爐，櫃子裡則是塞滿了實驗道具。

這個房間應該已經很久沒人使用了，裡面卻整理得井井有條、一塵不染。時間彷彿靜止了，耐心等待著我的出現。

我從櫃子裡拿出長得很像馬克杯的燒杯、以及上頭有刻度的細長容器——量筒。

往事一一浮現在眼前，彷彿昨天才發生過……

「這是魔法之粉。」記憶中的爸爸拿出一包白色的粉末，然後用磅秤測量粉末的重量，再用量筒為檸檬汁計量，先把粉末倒進燒杯，加入檸檬汁，一口氣就冒出好多泡泡。

「昨天教學參觀的時候，老師說的就是這個。」

沒錯，老師向大家提出的問題是——

「碳酸水裡有什麼？」

裡面的氣泡是怎麼來的？

氣泡來自「二氧化碳」，而二氧化碳則來自「魔法之粉」與檸檬汁的化學變化。

我和爸爸在夏天研究製作過汽水，所以我知道答案。

我從書櫃拿出實驗筆記，當時我應該有把實驗過程記下來。

「加熱或加入有助於產生氣泡的成分，具有讓物體膨脹的作用。」

我翻到那一頁，不由自主地擺出勝利的手勢。

「所以……這個魔法之粉是什麼？」記憶中的爸爸向我出題。

「是碳酸氫鈉！也就是小蘇打粉！」我的大嗓門迴盪在除了我以外，沒有其他人的實驗室裡。

第二天，已經中午了，爸爸還在沙發上呼呼大睡，身上還穿著昨天的衣服。媽媽說的沒錯，爸爸似乎忙到三更半夜才回來，看起來還沒有醒來的跡象。

昨天我帶回家的餅乾包裝紙就擺在爸爸旁邊，看來，他吃過了。

今天我會做出更好吃的餅乾，敬請期待！

「爸爸，辛苦了。我快去快回！」我丟下這句話之後，轉身小跑步前往 Patisserie Fleur。

店門已經開了，蒼空同學洗乾淨雙手，穿著圍裙、綁著三角巾，身上白色的圍裙表面，繡著小花和 Patisserie Fleur 的字樣，可能是爺爺的工作圍裙，他正在裡面等著我。

看到我進來，蒼空同學朝我遞來相同的圍裙：「這件給妳穿，這是我媽媽要我帶來的。」

我覺得有點不好意思，穿上圍裙後，正打算綁上三角巾時，夾在裡面的紙條飄落地面。

我蹲下身想撿起紙條，發現桌子底下還有另外一張泛黃的紙。我先打開掉下去的那張紙，那是一封信。

佐佐木理花小姐：

蒼空給妳添麻煩了，真不好意思。我也經常提醒蒼空，一定要小心用火，避免燙傷。如果有任何問題，隨時都可以來家裡跟我說，萬事拜託了。

蒼空的媽媽

「媽媽本來也說要一起幫忙，可是如果讓她來幫忙，她可能會把所有的事情都做完，這麼一來，我就學不到東西，所以我拒絕她了。」

我把剛才在地上撿到的另一張紙交給蒼空同學。

「這是什麼……」

打開一看，上頭寫滿了密密麻麻的英文字母和數字，看樣子好像是食譜的其中一頁，因為字體也跟筆記本是一樣的。

「LACREME……這個要怎麼念？SUC……看不懂啊！這些是什麼呢？腦筋急轉彎？還是暗號？」

我們的臉上都寫滿困惑，蒼空同學試著解讀，沒多久就放棄了。他嘆口氣說：「算了，看不懂！」他把紙貼在白板上。

我盯著那些字，心想，如果想知道的話，之後再偷偷查就好了。

等我洗完手，也穿上圍裙，綁上三角巾。全部準備好之後，蒼空同學問我：「怎麼樣，妳弄清楚了嗎？」

大概是我一副沉不住氣的樣子，被他看出我已經找到答案了。

「上次學校不是做過汽水的實驗嗎？提示就藏在那個實驗裡！」我拿出魔法之粉——**小蘇打粉**。

我繼續說：「只要把這個加到麵團裡，烘烤時裡面就會產生氣泡，也就是名為二氧化碳的氣體，讓麵團產生空隙。這麼一來，就能烤出酥脆脆的餅乾了。」

我把寫在實驗筆記裡的結論告訴他，蒼空同學對我刮目相看。

「事不宜遲，趕快再來挑戰一次吧？」

我們仔細的把麵粉、砂糖、奶油，還有小蘇打粉秤重，份量是我用爸爸的電腦查的。最理想的方法當然是問爺爺，但現在應該有點難度，因此我們以「用小蘇打粉做酥脆餅乾」搜尋新的食譜重新挑戰。

將一百一十克的奶油，還有一百三十克的砂糖，攪拌均勻後，再把一顆蛋打散，加進去一起攪拌，然後加一點點鹽巴。接著，將一百七十克的麵粉和二分之一小匙的小蘇打粉過篩，最後加進裝有奶油的調理盆裡，稍微攪拌一下。

嗯……它看起來像是一坨爛泥，真的沒問題嗎？

「再來要把麵團放進冰箱裡，至少靜置三十分鐘。」

「靜置？」

「應該是放著不管的意思，但我也不知道是為什麼？」

「既然這樣，我想快點烤，我們跳過這個步驟吧！」

「不行！萬一又失敗呢？」

「可是要等三十分鐘啊……」蒼空同學不服氣的噘著嘴，丟下一句：「我可以利用這段時間去練習揮棒嗎？」他走進院子裡。

為什麼要靜置麵團？……我決定把這個問題列入之後要研究的清單中，現在，我先用保鮮膜把麵團包起來，放進冰箱，設定計時器，等待時間是三十分鐘。說明上頭寫著至少要三十分鐘，所以，如果靜置更久一點應該會比較好吧？

我看了計時器上的時間一眼，仔細的把工具洗乾淨。我先用清潔劑搓出泡泡，徹底洗淨工具的每個角落。這是爸爸告訴我的，理化的實驗道具如果沒有洗乾淨，充分晾乾，就無法得到正確的實驗結果。

好像在做實驗啊……瞬間，我的手停在半空中。

不，不不不，這才不是什麼實驗呢！我已經決定不再做實驗了！

咦？等等！我昨天是不是進了實驗室？不！才不是這樣。嗯，我只是因為要查資料才去實驗室，而且我查的東西只跟甜點相關！

可是……蒼空同學的爺爺也說「料理即科學」，不是嗎？爸爸說科學就是理化。所以說，這也是理化實驗嗎？

我把頭搖成像一個波浪鼓。才不是！這是做甜點！因為這個烘焙坊怎麼看都不是實驗室，用的材料也只是麵粉、奶油、砂糖而已！

嗯！不管怎麼看，我們都是在做料理！我把湧上心頭的不安塞回內心。好不容易鬆了一口氣，隨即又感到不解……我為什麼要這麼拚命找理由說服自己啊？

嗶嗶嗶——計時器響了。

蒼空同學聽到聲音，衝了進來！他飛快的把手洗乾淨、穿上圍裙。看到他這麼有活力，籠罩在腦子裡的烏雲也一掃而空，我打開冰箱，拿出麵團，感覺麵團看起來，比放到冰箱之前結實。

啊！這麼一來，應該就不會黏在手上了？

「好像變硬了一點。」

「原來如此，靜置是不是為了讓麵團更好揉呢？」

我們一邊思考著必須靜置麵團的理由，一邊切開它，再揉成圓形，並將揉好的麵團擺在烤盤上，放進已經預熱至一百八十度的烤箱裡，設定烤十五分鐘。

「做甜點需要花很多時間呢！」蒼空同學說道，我也點頭附和。

話說回來，單吃麵粉和砂糖、奶油、小蘇打粉一點也不好吃。可是經過攪拌、烘烤加熱，就成了又香又甜又好吃的餅乾。看起來好像變魔術，但這裡頭一定有理由。

我好想知道原理啊！

時間一到，烤箱發出大功告成的聲音！蒼空同學立刻戴上隔熱手套，小心翼翼的取出烤盤，把它放在料理台上，烘焙坊裡頓時瀰漫著香甜的味道。

本來是圓球狀的麵團，現在全部變成像仙貝般扁平，圓形的餅乾在烤盤裡排列整齊，表面是香、酥、脆的金黃色澤……

我忍不住嚥了一口口水。

「來試吃吧！」

我和蒼空同學各自拿起一片餅乾，緊張的將餅乾放入口中，不由得瞪大了雙眼！

雖然還比不上爺爺做的餅乾，但酥酥脆脆的，口感非常好！是非常可口的餅乾。甜蜜的滋味充滿了整個口腔，奶油的香氣撲鼻而來。

哇啊啊啊，好好吃！

「我想現在去醫院一趟！」蒼空同學用最快的速度把餅乾塞進紙袋裡，還不忘分成兩份。

「一半給佐佐木的爸爸吃！」蒼空同學說，他塞了一包給我。連圍裙都來不及脫下，就飛奔而去。

我手中握緊那包餅乾，內心默默的祈禱，但願這些餅乾能夠讓蒼空同學得到爺爺的認可。

回到家時，爸爸已經醒來了，他吃了我帶回來的餅乾，眼泛淚光的對我說：「昨天的也很好吃，但今天的更好吃十倍、百倍、千倍！你們簡直是天才！可以開甜點店了！」

太好了！蒼空同學的爺爺一定也很高興，我內心流過一股暖流。

那天晚上，我借用爸爸的電腦上網查資料。我想弄清楚白天不明白的事，那就是——為什麼麵團要靜置？

「餅乾、麵團、靜置、原因……」我一邊敲打著鍵盤，一邊念念有詞，然後輸入關鍵字。

第一個點開的網頁是這麼寫的：

1. 為了讓水分滲透到整塊麵團。

2. 為了讓麵團凝固，便於用模型切割。

3. 為了讓麵團的味道均勻。

「原來如此，是為了讓麵團凝固、讓味道更好啊……」我對自己能想到其中一個理由，不禁有些得意。

不知道答案時，透過進行過程中，各種的觀察和推論，就像猜謎一樣，非常好玩。能夠猜到正確答案固然很開心，即使猜錯也能從中發現新大陸，別有一番樂趣。

我又從書架上拿出一本書背印有《英日辭典》的文字，根據記憶，我試圖解讀爺爺寫在紙條上的單字，但立刻舉白旗投降。可能是我記錯拼音，又或者真的是暗號？我完全查不到，最後只能放棄，投向被窩溫暖的懷抱。

我躺在床上，嘆了一口氣。雖然無法解開紙條上的暗號覺得很遺憾，但今天真的好快樂啊！該怎麼說呢？就像以前跟爸爸一起做實驗的時候那樣……

不，不不不，那不是實驗！是做甜點！我心裡一驚！

「是做甜點……吧？」

我仰望著天花板，喃喃自語，想也知道得不到回答。

得不到答案的心情很不舒服，我又嘆了一口氣。不管如何，做甜點的快樂時光已經結束了，蒼空同學的爺爺吃了那個餅乾，一定會收他為徒吧？這麼一來，應該也會傳授他「夢幻甜點」的作法。

我閉上雙眼，腦海中浮現出蒼空同學光芒萬丈的笑臉。「非妳不可」那句話也不斷在耳邊縈繞。

我硬生生地抹去那些記憶，像我這麼平凡的女生，大概不可能再跟班上的偶像蒼空同學一起做甜點了。

嗯，就當是一段快樂的回憶吧！就這麼辦！不然明天回到正常的生活，我可能會覺得很失落。

用力深呼吸之後，我鑽進被窩進入夢鄉。

6 再挑戰一次！

原本應該恢復正常生活的第二天……

「佐佐木！」

蒼空同學在教室裡向我搭話，我緊張的不知如何是好？因為我們以前在學校幾乎沒有講過話，或許是因為這樣，大家都驚訝的看著我和蒼空同學。

「昨天真是謝謝妳了！」蒼空同學露齒一笑，小聲的說。

「啊？呃……嗯。」

正當我心跳加速，感到尷尬的時候，老師剛好走進教室，開始進行朝會。我鬆了一口氣，可是大家還是以狐疑的眼光看著我們，讓我整堂課都如坐針氈。

「理花同學，妳和蒼空同學之間發生了什麼事？」坐在我後面的女同學悄聲問我，我知道這是大家會好奇的問題，因為就連我自己也不敢相信，可是……

她的語氣聽起來像是：「蒼空同學怎麼會跟理花成為朋友？」我的胸口隱隱作痛。

雖然後來沒有人再對我說「妳好奇怪」、「跟男生一樣」這種話，但那根刺到現在還深深的埋在我心中。

「嗯，沒什麼，什麼事都沒有！」我努力保持鎮定，朝向前方回答。但感覺背後尖銳的視線有如利箭般插滿我的全身，每一枝箭彷彿都像是在懷疑我「有問題！」

在那之後，每節下課，蒼空同學身上都散發出「我有話要說」的感覺，但我覺得好尷尬，只好都以「尿遁」的方式躲進廁所裡。

蒼空同學可能感覺到了，也或許是想跟朋友玩，終於放棄找我攀談的念頭。

那天放學，我走在回家的路上，步履蹣跚，看到一棵高大的櫻花樹，花瓣已經全部凋謝了，剩下滿樹黃綠色的葉子，充滿活力的生長。

我家位在下一個轉角的左手邊，但今天我比平常多走一段路，轉進再往下面的另一個轉角。

這是我平常沒事不會經過的路，前方有座小巧的公園，三年級以前，我經常和住在這附近的朋友在這個公園玩，我也是在這座公園裡展示我的寶物——吉丁蟲。

或許是因為這樣，每次經過這裡，我的內心都會隱隱作痛。為了消除疼痛，我望向右手邊的路。那條路通往Patisserie Fleur，看到那條路，腦中自然回想起昨天的事。

蒼空同學在做什麼呢？我情不自禁望向那條路，結果眼珠子差點掉出來。

「蒼、蒼空同學？」

蒼空同學正倚著路邊的圍牆，像是在等著我的出現。

「……佐佐木，妳為什麼要躲我？」

蒼空同學發現我是刻意躲他的事了！沒想到他這麼敏感？

「才、才沒有這回事！」

我慌張的否認，但蒼空同學一臉不相信的樣子。為了打馬虎眼，我趕緊轉移話題：「你有什麼事嗎？對了，爺爺出院了嗎？」

「怎麼可能這麼快出院？」蒼空同學看起來不太高興。

是因為我躲他，惹他生氣了嗎？

我感到不安，只見蒼空同學忿忿不平的抱怨：「爺爺吃了餅乾，居然說：『還早得很呢！你的工夫還不到家！』真是氣死我了！那些餅乾明明就很好吃，你說對吧？」

「爺爺沒有稱讚你嗎？」我嚇了一大跳！因為餅乾真的很好吃，最重要的是，他才第一次做！我還以為爺爺會讚美他做得很好呢。

「爺爺明明全部吃光了，可是聽到我說：『我要用這個餅乾拯救這家店！』他居然回答：『要是拿出這種東西，店就要倒了，還是快讓我出院吧！』氣死人了！」

好過分！我的內心閃過這個念頭。可是，等等……爺爺說的是：「快讓我出院。」

啊！蒼空同學，餅乾確實發揮作用了！

「既然爺爺都說『快讓我出院』，這不就表示爺爺打起精神來了嗎？」經過我的解說，蒼空同學露出恍然大悟的表情。

「原來如此！說的也是！」

蒼空同學臉上的烏雲一掃而空，隨即又迷茫的說：「等等，既然如此，我的手藝進不進步，是不是不重要了？」

我笑著搖頭。

「不是這樣的，因為爺爺全部吃光了不是嗎？爺爺其實很喜歡你做的餅乾，所以才能打起精神來。」應該是這樣沒錯！

我笑著說，蒼空同學也開心的笑了。

「下次一定要讓他說出『好吃』這兩個字！」

感受到蒼空同學對爺爺的孝心，我的內心覺得好溫暖。爺爺看到這樣的蒼空同學，心裡肯定也會覺得很欣慰吧？或許能從他身上得到一點力量也說不定，真是太好了！

我脫口說出一句：「加油！」

蒼空同學愣了一下。

「妳在說什麼啊？佐佐木，怎麼能少了妳的幫忙。」

「什麼？」這次換我愣住了。

「要是沒有佐佐木的幫忙，我絕對做不出那麼好吃的餅乾！請繼續幫幫我！拜託妳了！」

「你太誇張了！那只是舉手之勞而已！再、再說了，為什麼是我？」我又不是擅長做甜點的人。

我被他雙手合十懇求的舉動嚇得手足無措，蒼空同學換上嚴肅的表情認真的說：「因為妳沒有取笑我。」

「咦？」

「知道我想學做甜點時，絕大部分的同學都說我很『奇怪』。說我『跟女生一樣』，要不然就是說做甜點不符合我的風格。所以我覺得很厭煩，從此不再對任何人提起這件事，但是妳推翻了這種偏見，妳說我『一點也不奇怪』，當時我真的很高興！」

蒼空同學咧嘴一笑，我的心臟漏跳了一拍，突然湧起一股親切感，感覺我們是同類，蒼空同學也因為有人說他「跟女生一樣」、「奇怪」而感到受傷，我原本還以為我們是完全不同世界的人。

既然如此，我想助他一臂之力。正想答應時，內心又猶豫了。

「可、可是我……」

我想起今天在學校發生的事，如果他又要找我說話，天曉得大家會有什麼感覺啊？

「理花？」

背後傳來聲音，讓我吃了一驚，我慌張的回頭看，是爸爸！

大學沒有課的時候，爸爸偶爾會提早回家。

「啊，廣瀨同學也在！謝謝你昨天的餅乾！沒想到能吃到女兒親手做的餅乾，我幸福得眼淚都要流下來了。」

爸爸！拜託稍微克制一點！太丟臉了！

可是蒼空同學正色的說：「那是謝謝她幫忙的謝禮，她真的幫了我大忙。我們還會再做其他甜點，敬請期待！我們下次打算烤蛋糕！對不對？」蒼空同學的眼裡閃爍著狡黠的光芒。

蛋糕？會不會太難了？

更、更何況，我什麼時候答應要一起做了？

「蛋糕？真的嗎？理花。」爸爸眼裡充滿期待的光芒。

要是我拒絕的話，爸爸可能會暴走！

「呃……嗯。」

我被眼前兩人閃閃發光的眼神「攻擊」，一不小心就心軟答應了。

看見我終於點頭，爸爸和蒼空同學都笑了。

「我很期待！還有，廣瀨同學，謝謝你和理花成為好朋友！」爸爸手舞足蹈地踏上回家的路。

蒼空同學指著右邊的路，也就是Patisserie Fleur的方向說：「走吧！佐佐木。這次一定要讓爺爺刮目相看，我們一起來特訓吧！」

7 鬆餅特訓

「蒼空同學，你冷靜一點！怎麼想都辦不到吧？」

我先回家放下書包，再去 Patisserie Fleur，蒼空同學已經開始準備了，我試圖說服他不要太衝動。

我明白他的心情，他想快點進步，快點讓爺爺收自己為徒，才能守住心愛的店！話雖如此……也不可能一下子就學會做蛋糕！因為光是大家都說很簡單的餅乾，他就已經做得手忙腳亂了。

「別擔心！不是有種簡單的蛋糕嗎？」蒼空同學說。

我可沒聽說過有什麼簡單的蛋糕！我絞盡腦汁想說服蒼空同學，不過，蒼空同學自信滿滿提議的蛋糕，確實是我也很熟悉的蛋糕。

「那就是鬆餅！」蒼空同學志得意滿的說：「鬆鬆軟軟的鬆餅現在非常流行，甚至還有專賣店。只要放上鮮奶油，就跟平常的蛋糕一樣好吃。我請爺爺做過一次，真的非常好吃。」

「真是個好主意！」如果是鬆餅，感覺就能輕鬆完成，就連媽媽偶爾也會做給我吃。

可是……我的內心閃過一絲不安。

「你們家有鬆餅粉嗎？」

平常媽媽都是用市面上賣的鬆餅粉來做鬆餅，只要把蛋、牛奶和鬆餅粉攪拌均勻，放入烤箱就行了，我不清楚鬆餅粉裡頭含有什麼成分，重點是……蛋糕店會用那種東西嗎？

「這裡沒有那種東西，我們是蛋糕店，不能依賴鬆餅粉！」

我想也是！不祥的預感成真了。可是，蒼空同學對此引以為傲。

「那你知道作法嗎？」我問。

「作法在爺爺的腦子裡。」

我就知道！我忍不住嘆氣。

看到我嘆氣，蒼空同學拿出平板電腦，他不好意思的說：「等我一下，我今天一次都還沒用過，所以還有很多上網時間。」蒼空同學開始操作起平板電腦。「我想想……不用鬆餅粉做的鬆餅，輸入。」

按下搜尋鍵，真的有不用鬆餅粉就可以做鬆餅的作法，我鬆了一口氣。嗯，這種作法確實沒有用到鬆餅粉。

「麵粉、砂糖和泡打粉，還有蛋和牛奶。」蒼空同學一下子就搜尋出材料，問題是……「泡打粉是什麼？」蒼空同學一頭霧水看著泡打粉的罐子，於是又用平板電腦搜尋泡打粉，找到說明書。

我邊閱讀說明書，喃喃自語：「好像就是小蘇打。」

「會不會只是名稱不同，但其實是小蘇打粉的英文？」

我繼續往下看。

「我看看……裡面的成分好像不太一樣。」說明書上寫著泡打粉裡有幫助氣泡生成的成分，看到這裡，我翻開實驗筆記，印象中好像看過類似的字眼。這本實驗筆記是我心想

實驗！理花的科學講座……②來做汽水吧！

在家裡就可以做出美味的汽水了！只要在水裡溶解砂糖，放入檸檬汁，再放入「小蘇打粉」，檸檬汁和小蘇打粉在一起會產生一種叫作「二氧化碳」的氣體。

它就是汽水會咻咻作響的原因！

動動腦想一想

在我們生活周遭的物質，都是由肉眼看不見的細小粒子結合而成。由「原子」結合而成的物質叫作「分子」。分子中的原子結構改變，產生不同的分子，就叫作「化學反應」！

檸檬汁和小蘇打粉碰在一起就會產生「化學反應」喔！

※實驗時，記得要先跟家裡的人報備喔！

可能會派上用場而帶來的。

有了！我翻到汽水實驗那一頁。

「加熱或加入有助於產生氣泡的成分，具有讓物體膨脹的作用。」

這句話後面還特別寫著：「加入有助於產生氣泡的成分，會比加熱更容易膨脹。」

製作汽水時，當我把小蘇打粉加到檸檬汁裡，就會立刻產生大量的氣泡。換句話說，檸檬汁裡含有幫助產生氣泡的成分嗎？

可是，製作餅乾的材料雖然有小蘇打粉，卻沒有檸檬汁之類的東西，攪拌時也沒有產生氣泡，也就是說，餅乾的氣泡來自於「加熱」。

餅乾的口感是「酥脆」，而不是「鬆軟」，應該是因為烘烤時的「熱」所產生的氣泡恰到好處。可是，這次要做的是鬆餅，必須具備「鬆軟」的蓬鬆口感才行，就像是讓汽水產生大量的氣泡那樣，做鬆餅也得加入含有能產生氣泡成分的泡打粉才行。

原來同樣都是小蘇打粉，也有各種不同的用法啊！

「泡打粉含有能產生許多氣泡的成分，所以鬆鬆軟軟的甜點好像都要用泡打粉來做。」我整理好思緒，告訴蒼空同學。

「是這樣啊……原來如此。佐佐木，妳真的好厲害。」蒼空同學佩服的看著我，閃閃發亮的大眼睛流露出欣賞佩服。

「才、才沒有這回事呢！」我突然覺得好害羞，趕快開始作業，企圖轉移話題。

麵粉八十公克、泡打粉三公克、砂糖二十公克、蛋一顆、牛奶六十毫升。我們正確的測量網路資料的份量，放入調理盆，將它們攪拌均勻。

「來烤吧！」蒼空同學迫不及待。

我為了看清楚下一步該怎麼做，視線落在平板電腦的說明文字。

「加熱平底鍋，倒油。」

我照順序念下來，躍躍欲試的蒼空同學已經把平底鍋放到瓦斯爐上，開火！瓦斯爐發出「唧唧唧唧……」的聲音，冒出藍色的火苗。

「啊！蒼空同學，火可能太大了。」

「這樣不是可以比較快烤好嗎？」

蒼空同學似乎有點急性子呢！

「這樣容易燒焦！」

「這樣啊！」

不過他的個性很坦率，所以讓人討厭不起來。正因為是這種個性，蒼空同學才會受到大家的喜愛吧？我也很欣賞他這一點……

想到這裡，覺得能跟他成為朋友，一起做甜點真開心。

當我一個人在那邊想這些事時，蒼空同學已經倒好油，把麵糊放進平底鍋裡。

等一下！我還沒有說明到那裡！

「蒼空同學！等一下！你還沒有讓油均勻分布在鍋內吧？」

「是嗎？」蒼空同學完全不在意。

蒼空同學也太隨興了，油不就是為了不讓材料黏在平底鍋上嗎？印象中，媽媽經常因為忘了倒油而燒焦平底鍋。

無視我的提醒，蒼空同學心急的打算用鍋鏟為鬆餅翻面……

等一下！麵糊才剛放進去，現在還軟趴趴的吧？

「蒼空同學，還太早了！上頭寫說要等到表面噗滋噗滋的冒泡才能翻面呢！」

聽到我這麼說，蒼空同學立即停止動作。

總算成功的阻止他了！

可是蒼空同學迫不及待的說：「這也太久了吧……」他死盯著計時器看，沒多久就失去耐心，動手轉成大火。「火是不是太小了？」

「不可以啦！蒼空同學，上頭寫著小火！」

「不要緊，不要緊，我只是稍微轉大一點而已。」蒼空同學說著，把火轉得更大了。

我很不放心，但網路上也沒有寫小火究竟是多小？看著看著，表面開始噗滋噗滋的變乾，咦……是不是有聞到一股燒焦味？

「差不多可以翻面了吧？」蒼空同學說著，利用鍋鏟一股作氣翻面！可惜有一半的麵糊都黏在鍋底，無法順利翻面，上面還沒有熟的部分則黏在鍋鏟上。

啊啊啊！我就知道！沒有放油的地方，麵糊都黏住了！

「哇，黏住了！怎麼會這樣？」蒼空同學用鍋鏟把黏在鍋底的部分硬鏟起來翻面，看起來都變成咖啡色了。

唉！果然是太焦了！

蒼空同學一邊嘀咕：「慘了！有點燒焦。」他一邊拚命用鍋鏟搶救著，破碎的鬆餅剖面可以看到還沒熟的泥狀麵糊。

這一看就是失敗的作品……

「咦？裡面還沒熟？」

蒼空同學還不死心，開始用鍋鏟把剩下的軟趴趴麵糊，在平底鍋裡用力按著。我在一旁提心吊膽的看著，蒼空同學繼續轉大火。

唉唉唉唉……這樣做應該會越來越糟糕啊！沒多久，不祥的預感果然成真了。

「哎呀……」表面焦如黑炭，裡頭則有如一團爛泥，半生不熟的「鬆餅」完成了。

「這個絕對不能讓爺爺看到……或許我真的不適合當甜點師傅吧？更別說要做『夢幻甜點』了。」蒼空同學垂頭喪氣的看著失敗的鬆餅。

我想陪他一起沮喪，可是，如果連我也陷入沮喪，他的學習大概會到此為止吧？

我才不要沒弄清楚失敗的原因就半途而廢，絕對不要！不服輸的心情在內心深處熊熊燃燒！

「或許我們可以先思考一下失敗的原因？」

「原因？」

「是不是有哪個步驟錯了？」

「嗯……有嗎？我都有照妳說的步驟做啊。」他似乎一點也不覺得哪裡有問題？

我邊回想邊開口：「首先，你沒有讓油佈滿整個平底鍋，就倒入了麵糊，對吧？所以才會黏鍋。」

「……」蒼空同學啞口無言。

「其次是火候，火太大了，所以才會燒焦。」

「如果是烤箱，就能設定溫度了。」他心虛的說著。

「火候好像還分成小火、中火、大火，網路上面寫著要用小火，所以只要花點時間慢慢加熱，應該就能成功了，下次小心點吧！反正還有材料，我們再試一次。這次，我會先仔細熟讀食譜，提前告訴你該怎麼做。」我鼓勵蒼空同學，他馬上笑了起來。

「說的也是，反正還有材料……這次一定要成功！」

我很羨慕蒼空同學這麼快就能重新振作起來。這時，我突然想到一件事！蒼空同學參加運動會的接力賽跑時，不小心跌倒的事。

當時，蒼空同學站起來時，其他人已經領先一大段距離，大家都覺得輸定了。只有蒼空同學一臉不服輸，仰著臉，拚命往前跑，最後終於追上跑在前面的同學！

那個時候的蒼空同學非常耀眼……

「佐佐木？」

蒼空同學叫了我一聲，我這才回過神來。

我好像盯著他看到出神了，感到很不好意思，我連忙岔開話題：

「那、那就從頭開始吧！」

回到起點，從材料秤重的步驟開始。蒼空同學拿著量杯，開始測量牛奶的份量，我打算利用這段空檔時間打蛋。剛才看蒼空同學駕輕就熟，我以為我也可以。可是我的心臟跳個不停，因為我平常在家很少進廚房，頂多幫忙洗菜而已。

我模仿他的動作，戰戰兢兢，把蛋往桌上一敲，敲出細微的裂痕。

這樣就可以分成兩半嗎？

我的手指一用力，蛋殼瞬間被捏破一個洞。

「啊！」

蛋殼跑進蛋液裡面了！

看到我手忙腳亂，蒼空同學接過那顆有破口的蛋，說道：「打蛋的竅門在於大膽，無論是敲出裂痕的時候，還是打破的時候，都要大著膽子去做。」蒼空同學把戳破的那一面蛋殼朝上，雙手大拇指貼著裂痕，只見蛋殼聽話的往左右破開，蛋白和蛋黃噗通一聲落入碗中！

「蒼、蒼空同學，你好厲害！」

「其實我以前也常常搞砸，這是花時間苦練之後的成果。」蒼空同學微笑著說。

這麼說來，他確實說過他會私下練習。原來是這種練習啊！好厲害！真了不起！我繼續倒入砂糖、牛奶和麵粉，將它們攪拌均勻。一、二、三、四……

看到麵粉不時飛濺出來的樣子，我突然想起爸爸以前念給我聽的繪本《小白熊的鬆餅》，我一面回憶，一面攪拌十下，只見麵粉逐漸與蛋、牛奶融合在一起。

攪拌到二十下時，開始變成奶油狀，但是還殘留著一塊一塊的麵粉。

調理盆好重啊……手臂快沒力氣了！

加油！再努力撐一下……直到攪拌至三十下之後，結塊的麵粉總算完全溶解了。

「接下來要注意火候……」

我們用湯杓把麵糊倒進已經抹上一層均勻且薄薄的油，並事先放在濕抹布上冷卻的平底鍋裡，將它畫成奶油色的圓形，慢慢的、慢慢的……，然後開始加熱，我和蒼空同學耐心的等待。

接下來，麵糊表面開始噗滋噗滋的浮出泡泡……

我的腦海中又浮現繪本的插圖……鮮艷的橘色封面上，小熊母子一起烤著鬆餅。

「你有看過《小白熊的鬆餅》這本書嗎？」我開口問蒼空同學，他點頭，並回答說：

「小時候爺爺曾念給我聽，除了那本書，另一本《古利與古拉》也是關於蛋糕的故事，我想要成為甜點師傅，雖然爺爺總說我還不夠格。可是甜點真的好好吃……每次想起來，就更想快點吃到了。」

網路上寫著等到噗滋噗滋冒出一堆泡泡時就可以翻面，可是表面還沒熟，依然是麵糊的模樣。

「這個很難翻面吧？」我想起剛才的失敗。

雖然有點膽戰心驚，但蒼空同學還是說：「這次一定能順利翻面，包在我身上！」他拿起鍋鏟，把它插進麵糊的下方。「我記得爺爺是這樣做……」蒼空同學輕輕的提起鍋鏟，順勢將麵糊轉了半圈。

「看我的！」

鬆餅順利翻面，表面呈現漂亮的金黃色。

「好厲害！好漂亮！」我忍不住歡呼。

「因為我看過爺爺怎麼做啊！」蒼空同學似乎很得意。光用看的就可以做成這樣嗎？或許蒼空同學真的非常有天分呢！

「現在用小火再煎兩分鐘左右就好了。」

設定好計時器，接下來我們只需要耐心等待。

沒多久，計時器響起，我和蒼空同學把鬆餅移到盤子裡，看起來很好吃，完全把剛才的失敗品比下去了。這次肯定沒問題！我們滿懷期待，各自叉起一小塊鬆餅，同時送入口中。

「好吃……嗎？」

「哇！很好吃！」

我們互相看著對方，口腔裡充滿了甜甜的味道。

嗯，這次確實是鬆餅的味道！

因為實在太好吃了，剛好又是下午茶的時間，肚子餓扁了，我們幾乎把它吃個精光，沒一會兒就盤底朝天！

「好！這次要再做一個送給爺爺吃！」

蒼空同學幹勁十足，用力攪拌調理盆裡的材料。跟我不一樣，他的速度很快，巧妙的運用手腕的力道，看起來很有專業的架勢。攪拌次數肯定超過一百次，但他完全不見疲態。好厲害！哪像我才攪拌二十次就累了！這也是私下練習的成果嗎？

經過蒼空同學的攪拌，麵糊變得柔滑細緻。

我比照剛才的作法，把麵糊倒入平底鍋，以同樣的方式加熱，用小火煎到表面噗滋噗滋的冒泡，然後翻面……咦？

「……沒膨脹？」

另一面的結果也一樣。

完成的鬆餅比剛才還要扁塌。與其說是蛋糕，它看起來更像是仙貝的形狀。

「說不定味道很好！」我鼓勵蒼空同學，他面露不安。我切開鬆餅，與蒼空同學同時將它們一起放進嘴巴裡。

然而——

「跟剛才不一樣……好硬……乾乾的……為什麼呢？」蒼空同學大受打擊，我也愁眉深鎖，無言以對。

硬硬的鬆餅，感覺就像卡在喉嚨裡，很難吞下去。

「到底哪裡出錯了？步驟明明跟剛才一樣啊……早知道就拿剛才的成品給爺爺吃了。」

我正煩惱該怎麼安慰蒼空同學時，窗外傳來日本童謠《七個孩子》

的鐘聲。聽到這個旋律，代表太陽下山了，孩子們要快點回家。

怎麼辦？可是我不想丟下這樣的蒼空同學回家！

「蒼空同學，打起精神來。」我努力為他加油打氣，蒼空同學稍微抬起頭，不過他的臉上依舊籠罩著烏雲。但我可以感覺得到，蒼空同學試著抬頭挺胸，他想要振作起來。

嗯！再一會兒，我相信再過一會兒他就會重新振作起來！然後對我露出笑容！就像接力賽的時候那樣！

「要不要明天再挑戰一次？」蒼空同學的嘴角浮現著一抹淺笑。

我就知道！

「我猜應該是有哪個步驟錯了，所以要再『驗證』一次。」

記憶中，實驗失敗的時候，爸爸經常這麼說。除此之外，爸爸還說過新發現就藏在錯誤裡。我希望蒼空同學露出更燦爛的笑容，內心也不由得認真起來。

「『驗證』？妳用了一個好難的單字啊！」蒼空同學說道，我嚇得冷汗直流。

糟了！他肯定會覺得我這個人很奇怪！

可是蒼空同學就跟平常一樣，露出萬里無雲的笑容，哈哈哈的笑說：「佐佐木，妳好有趣啊！」

有趣？這可能是我有生以來第一次聽見別人這麼形容我，我剛剛還以為他會嘲笑我，神經有點緊繃，所以有點意外。

「有、有嗎？」

蒼空同學點點頭，有些靦腆的笑著：「還有，妳也很堅強。謝……謝謝妳。」

堅強？這也是第一次有人這樣形容我，我覺得蒼空同學才是堅強的人，所以又愣了一下。

感覺挺不好意思的，不過蒼空同學的笑臉回來了，我也大大的鬆了一口氣。

8 一 比較的方法

我把第一次完成的焦黑鬆餅，還有第二次成功的鬆餅，在製作的過程中，有剩下的碎屑，還有變得硬硬的鬆餅都帶回家，我找了盤子，將它們放在上面，開始和它們大眼瞪小眼，思考問題出在哪裡。

「到底是哪裡錯了？」

第一次的失敗很明顯是因為火太大了，問題是第三次。明明作法都一樣，**為什麼會失敗呢？**

「理花，妳怎麼了？」媽媽一臉狐疑的問我。

「我和蒼空同學做了鬆餅，可是我想不明白為什麼會失敗？媽媽，妳知道原因嗎？」

「媽媽怎麼可能會知道？」媽媽豪爽的笑著說。

真是的！這種話不該說得如此理直氣壯吧？

「爸爸呢？」

「他說今天會很晚才回來。」

「這樣啊？」我的表情流露出失望。

「妳要不要寫信問他？」

在媽媽的提醒下，我打開筆記型電腦。爸爸把電腦設定成我隨時都可以用的狀態。

「為什麼鬆餅會變硬？」我簡單寫下今天發生的事。焦黑的鬆餅、成功的鬆餅、還有不知為何製作失敗的鬆餅。除了焦黑的鬆餅以外，其他的鬆餅步驟應該都沒錯，做出來的鬆餅卻完全不一樣？

寫完問題，按下傳送鍵，我「啪噠」一聲闔上電腦時，耳邊響起媽媽從廚房傳來的聲音。

「理花，晚上要吃炒麵，來幫忙洗豆芽菜，記得把鬚根摘掉！」

好麻煩啊……我的話都已經冒到喉嚨，但是……看到今天的蒼空同學，我覺得自己也應該要再努力點，多幫一點忙。要是能像他那樣完美的打蛋，不是很帥氣嗎？

「好！」聽到我的回答，媽媽睜圓了雙眼。

「哎呀！真乖！」

我走向廚房，開始清洗濾水盤裡的豆芽菜。摘掉鬚根的豆芽菜會比較好吃，可是怕麻煩的媽媽很少願意多這道工夫，其實我也不怎麼喜歡……可是我要加油！

我一面摘掉豆芽菜的鬚根，突然想到一件事，我和爸爸曾經種過豆芽菜，再把它們分別放在陰暗的地方和明亮的地方，然後觀察它們有什麼不同？

我發現如果不是將它們種在陰暗的地方，豆芽菜就會長得不像豆芽菜，原因出在陽光。陽光照射下，豆芽菜的葉子會變成綠色，長得太大……咦？

我想起當時的事，突然靈光乍現。

「對了！可以用來研究有什麼不同？」

我快速摘掉豆芽菜的鬚根，然後回到自己的房間，打開實驗筆記，翻到豆芽菜的實驗，那一頁畫有表格。

「表格！」

沒錯，爸爸說過「比較」時要畫表格，才能清楚看出那裡不同。

我坐在書桌前的椅子上，把筆記本翻到空白頁，用鉛筆在最上面寫下「鬆餅為什麼會變硬？」的標題，然後稍微想了一下，我在標題的下方寫下「步驟」、「第一次」、「第

二次」、「第三次」、「差別」。

嗯……第一次是很明顯的失敗，放在一起比較可能會模糊焦點。想到這裡，我擦掉「第一次」的文字，現在要研究的應該是「第二次」和「第三次」。

我用尺在中間畫三條直線，如此一來，四個欄位的表格就完成了。

我在步驟的欄位裡一一寫下鬆餅的作法，首先是「測量份量」，由蒼空同學負責測量，但我也一起檢查過份量。然後在「第二次」、「第三次」的欄位裡分別寫下「蒼空同學」、「理花」，在「差別」的欄位裡寫下「沒有」。

接著是「攪拌材料」，在「第二次」欄位寫下「理花」，在「第三次」的欄位寫下「蒼空同學」時，我發現——

「啊！」

我還以為全都一樣，原來差別在這裡！

我興奮的把剩下的步驟繼續填入表格，可是後面的步驟都沒有差別，我指著「蒼空同學」的名字。

「難道……這就是讓蛋糕變硬的原因嗎？」

第二天，我提早去學校，偷偷在蒼空同學的鞋櫃裡放了一封信：

「我發現失敗的原因了，但是在學校裡不方便討論，所以今天放學後，我可以去Patisserie Fleur嗎？

佐佐木理花」

我把信放在鞋櫃裡，感覺自己做了一件大膽的事，該怎麼形容呢？

簡直……簡直跟情書一樣！可是直接跟他說話又太引人注意了。

我忐忑不安，等待蒼空同學來上學，蒼空同學好像注意到了，見到我時，用力的點頭，我鬆了一口氣。

放學後，我立刻去 Patisserie Fleur，蒼空同學已經準備好了。

「快點！快點！」他催我穿上圍裙。

「我打算比照昨天的作法再做一次。」

「咦？妳不是已經知道答案了嗎？」蒼空同學一臉迫不及待的樣子，但我堅決的搖頭。

「我只是懷疑可能是那個原因，所以想確定是不是正確答案？」

「妳想進行昨天說的『驗證』嗎？」蒼空同學苦笑著，但還是答應我的要求：

「我明白了。」

「那就開始吧！」

我們先準備工具，調理盆、打蛋器、磅秤、量匙、還有平底鍋和鍋鏟等，全部各兩份。為什麼要準備兩份，因為同時進行步驟，比較容易區分差別。然後跟昨天一樣，分別將麵粉、砂糖、泡打粉、牛奶等進行秤重。

「先把量好的粉類攪拌均勻，過篩備用，再加入蛋和砂糖、牛奶，攪拌均勻……」我把裝有相同材料的調理盆遞給蒼空同學。「為了和昨天比較，我想同時攪拌。可以請你重複一次昨天的攪拌作業嗎？」

蒼空同學點點頭，立刻拿起打蛋器。「預備，開始！」蒼空同學以極為俐落的動作攪拌麵糊，可是我依然攪拌到一半就累了，我攪拌到粉末全部散開、不再有顆粒狀就停手，攪拌的力量跟昨天差不多，三十下是我的極限。

「我攪拌了兩百下！」蒼空同學露出自信滿滿的得意表情，額頭還滲出汗水。

我將自己攪拌的次數和蒼空同學攪拌的次數寫在下一頁，我畫了三列的表格，在第一列寫下「操作者」、「蒼空」、「理花」，第二列寫下「攪拌的次數」、「兩百」、「三十」。

「現在開始煎吧！」蒼空同學充滿幹勁的說。

我把平底鍋放在瓦斯爐上。

「記得保持相同的火力大小，因為如果火力跟昨天不一樣，就無法判斷原因出在哪裡了。」

說完，我們同時開火，然後將火力大小調整到一樣。

「妳做得好徹底啊！真了不起。」

我有點不好意思，但又很開心，因為很少有人這樣讚美我。

我們一起往平底鍋裡倒油，等油熱了，再倒入麵糊，順利進行到這個階段時，表面開始噗滋噗滋的冒泡。這時，我注意到一件事，蒼空同學無法同時為兩片鬆餅翻面，所以這次我得親自上陣才行。

「蒼、蒼空同學，我好像不會翻面啊！」

聽到我的求救，蒼空同學想了一下，拿出兩個平底鍋的蓋子。

「用這個就沒問題了！我一開始也是用這個方法翻面。」

聽他這麼說，我想起來了！媽媽煎歐姆蛋的時候也不太會翻面，當時就是用這個方法！

我一面觀察蒼空同學的示範，把平底鍋斜斜的拿好，讓鬆餅煎好的那一面朝下，滑進鍋蓋裡，然後再把平底鍋蓋在躺著鬆餅的鍋蓋上。我看過媽媽這麼做，可是輪到我自己的時候，還是很緊張。

「一、二、三！」

我們同時把平底鍋和鍋蓋翻過來，還沒煎的那一面順利落下。

太好了！成功！

我鬆了一口氣，接下來，只要等另一面煎熟即可。

「咦？」蒼空同學盯著兩片鬆餅，嘴裡念念有詞。「不會吧？」看樣子，蒼空同學也發現失敗的原因了。不過，還是要等嘗過味道才能完全確定。

等鬆餅烤好，我和蒼空同學分別品嘗兩片鬆餅，一片很鬆軟，另一片則變成硬邦邦的鬆餅。

「哇啊啊……真的假的？」蒼空同學抱頭吶喊。「怎麼會這樣？這麼一來，『鬆餅變硬事件』的犯人不就是我了嗎！」

耳邊傳來回家的鐘聲，時間到了。

蒼空同學有些遺憾，但又開始測量材料的份量。

「我要再試一次！」然後擺出勝利的手勢對我說：「剩下的我自己可以搞定，今天很感謝妳的幫忙！」

我也大聲說著鼓勵的話：「加油！」

我踏上歸途，感覺好像在雲端，整個人輕飄飄的，等我回過神來，發現自己正雀躍的踩著小跳步，可能是因為驗證成功了。

可是，蒼空同學的話縈繞在耳邊，原本輕快的腳步也放慢下來。

「我知道原因出在攪拌的次數……可是這又是為什麼呢？」

我回到家，打開電腦，想跟平常一樣上網找資料，可是又不曉得該如何搜尋。我低聲抱怨著：「真是搞不懂。」

突然想起，我還沒有收到爸爸的回信呢！

「媽媽，爸爸呢？」

「他今天也會很晚回來，因為學會快要召開了！」所謂的學會是來自日本和世界各地的研究員齊聚一堂，發表自己研究的活動。一年會舉行好幾次，每次爸爸都忙得不可開交。

唉……這也沒辦法，但是好傷腦筋啊！

我無奈的走進房間，桌上有一本書，咦？哪來的書？翻開那本書，書裡夾著一張小紙條，紙條上描繪著「分子模型」的圖，一圈一圈有如彈簧般的圖畫下方寫著「麩質」。

這是什麼？我坐下來，打算仔細研究，一行字映入眼簾。「麵粉含有名為麥穀蛋白和麥膠蛋白的物質。」其中「麵粉」這個名詞引起我的注意力，我接著往下看。「這兩種物質與水混合後，會互相連結，產生另一種名叫麩質，具有彈性的物質。揉捏的次數愈多，會形成愈多麩質，增加彈性……」

接著是一連串說明，都是一些艱深的單字，難以理解，也有點看不懂，我快要放空時，看到一張照片。

那是一張雙手把攪拌麵粉形成的麩質往兩邊拉扯的照片，那種黏黏的感覺好像某種東西……我想到這裡，發現答案。

「這個……好像橡皮筋……咦？」

我懂了！

這是爸爸給我的！針對我的問題「為什麼鬆餅會變硬」的回答。

爸爸！我好像知道答案了。喜悅一股腦兒湧上心頭！

「沒錯！因為太黏，所以鬆餅才不會蓬鬆！」

用來做鬆餅的麵粉如果攪拌太多次的話，麵糊就會變得跟橡皮筋一樣。橡皮筋這種東西，用力拉的時候會伸長，但最後還是會恢復原狀。所以當麵糊變得跟橡皮筋一樣時，即使產生氣體，也會輸給想恢復原狀的力量，膨脹不起來，所以才會變硬！

好神奇！果然失敗一定有原因！

找到答案，我雀躍不已！情不自禁的拿起那本書……看到封面印的字，立即陷入憂鬱的心情。

因為封面上印著《料理的科學事典》。

原本以為是料理，我就開始掉以輕心，飄飄然的心情有如洩了氣的皮球，瞬間萎縮下來。

同一時間，「理花好奇怪」的批評又浮現腦海，我的耳朵開始嗡嗡作響。

「才不是……這是料理，是製作甜點！」我對自己說，試圖蓋過「奇怪」的形容詞。「料理就只是料理。」我摀住耳朵，不斷重複這句話，耳鳴總算變小聲了。

可是，並沒有完全消失……

9 百合同學的疑問

睡不飽，眼睛也睜不開……我整個晚上都在思考料理與科學的關係，沒有好好休息。

正當我站在學校樓梯口的鞋櫃前面，打了一個大哈欠時，耳邊突然傳來——

「理花！早安！」

聽到這個聲音，我嚇了一大跳，腦袋瞬間清醒了過來！因為是男生

的聲音！

以前從來沒有男生會直接喊我的名字，但現在可能有一個男生會這麼做。可是……為什麼……我提心吊膽的回頭看，蒼空同學滿臉笑容站在那裡。

天啊！不會吧？蒼空同學剛才喊了我的名字！我沒有聽錯吧？

「早、早安。」

感覺好像一下子靠得好近，我的心臟都快要跳出來了！我手足無措的回禮，其他同學也陸續走進來，我看到其中一位同學時，瞬間全身僵硬……那是百合同學！

每個同學都對著正手忙腳亂換鞋子的蒼空同學打招呼：「蒼空，今天放學以後要去玩嗎？」

「今天不行，我有事！」

「什麼事？你這陣子好忙啊！你不是一直抱怨使用平板電腦的時間受到限制嗎？我買了新遊戲！要不要一起玩？」

「我很想玩……可是抱歉！改天我們再約！」

一堆人都對他提出邀約，蒼空同學果然是很受歡迎啊……但是現在不是佩服的時候！

等男生們都走開後，百合同學一臉不可思議……同時有點不滿的盯

著我看。

「剛才是怎麼回事？蒼空同學為什麼會直接喊妳的名字？」

「我、我也不知道。」

我顧左右而言他，很想趕快進教室，但百合同學緊迫盯人，緊跟在後面。

百合同學——金子百合同學住在我家附近，我們以前經常一起玩。

她最喜歡可愛的東西了，本人看起來也像洋娃娃一樣可愛。

她今天把頭髮綁在耳朵兩邊，捲捲的頭髮看起來很柔軟的樣子。橡皮筋上有小花的裝飾，加上粉色的橫條上衣、白色的裙子、淺紫色的高筒襪。不折不扣，完全是女孩子裝扮，說她是班上的風雲人物也不為過，所有的女生都很崇拜她。

看到百合同學，總會讓人產生女孩子一定要可愛的感覺。

可是……

「這是妳的寶物？理花同學好奇怪……居然喜歡昆蟲，簡直跟男生一樣。」

每次看到百合同學，我就會有種又被批評一次的感覺。

沒錯，當初說我很奇怪的人就是百合同學。我猜她沒有惡意，可是在那之後我就有點怕她，倒也不是感情不好……只是這件事在我心裡留下了一點疙瘩。

「理花同學，妳和蒼空同學發生什麼事？最近你們的感情好像變得很好的樣子？」百合同學委婉的質問我。她又翹又捲的睫毛很好看，但是眼神有點可怕。

這應該不是我的錯覺，因為百合同學說過，她喜歡蒼空同學。

不只她，我猜幾乎全班的女生都喜歡蒼空同學，我能明白這種心情，因為蒼空同學並不是只有長得好看而已。透過做甜點，我看到蒼空同學各種不同的表情，一一回想起來……我知道自己臉紅了。

他很會打蛋，但其實有點粗枝大葉，失敗了會很沮喪，可是又能夠馬上振作起來。還有……他非常孝順爺爺，個性堅強，又有偉大的夢想。感覺自己看到蒼空同學很多在學校看不到的面貌，看到他很多好的地方，也看到他很多不好的地方。

萬一大家知道這件事，大概會對我既羨慕又嫉妒吧？想到這裡，我突然害怕起來，不自覺的撒謊解釋：「才、才沒有！是因為蒼空同學屬於那種跟誰都能處得很好的人吧……」

絕不能告訴她，**關於我們一起做蛋糕的事！**

嗯，這件事最好別讓任何人知道，因為我們只是剛好一起做甜點，而且也已經結束了。要是不小心被其他女生知道的話，她們一定會說憑什麼是我？

啊！我得提醒蒼空同學，不要再直接喊我的名字了。萬一讓同學們誤會，可能會給蒼空同學添麻煩。

「理花！我有事要跟妳商量。」

說曹操，曹操就到。蒼空同學冷不防又跑回來，我嚇得整個人差點跳起來！

「商量？你有事找理花同學商量？」

百合同學咄咄逼人的視線刺得我好痛！頓時四周瀰漫著劍拔弩張的氣氛。這下糟糕了！

「我、我沒資格陪你商量啦！」我忍不住大叫著，衝進廁所。

「啊！喂，理花!?」

所以說，叫我佐佐木啦！

我不敢回頭，拚命的往前跑。

真是夠了！蒼空同學該不會神經這麼大條吧？

10 — 爺爺出的作業

好不容易撐過下課的時間，終於放學了。確定蒼空同學已經離開後，我加快腳步回家。

可是，當我看到那棵長在通往 Patisserie Fleur 岔路上的櫻花樹時，內心充滿不祥的預感，上次他也是埋伏在這裡等我……

「——理花！」

哇啊啊啊！我就知道！我下意識地往後退，蒼空同學則一臉委屈的

表情說：「妳為什麼要躲我？我做錯了什麼嗎？」

「什、什麼也沒有！雖然什麼也沒有……但你為什麼要直接喊我的名字？這樣會害我被別人誤會！」

「誤會？誤會什麼？被誰誤會？」他似乎完全沒有注意到當時尷尬的氣氛。

好遲鈍！真是傷腦筋。

「所、所以說，這個，那個……」要是被誤會了，我可就慘了。

可是我太害羞了，這些話根本說不出口。見我支支吾吾，嘴裡念念有詞，蒼空同學大概失去耐性，嘀嘀咕咕的發牢騷：「為什麼不行？妳不也叫我蒼空同學嗎？」

「那是因為……大家都這麼叫啊！」

「妳的朋友不也都叫妳理花嗎？」

「這個，那個……」

「我們不是朋友嗎？不是嗎？」

朋、朋友？我什麼時候坐上朋友的寶座了？我們原本只是普通的同班同學，現在變朋友？真的可以嗎？我太驚訝了，驚訝到說不出話來。

「難道不是嗎？」蒼空同學的表情瞬間垮下來，看起來無精打采的樣子，我連忙打圓場：「是，我們是朋友！」

「既然如此，為什麼……啊！」蒼空同學突然瞪大了雙眼，說道：「妳是不是覺得跟我一起做甜點很困擾？」他露出憂傷的表情。

「不是這樣的！」我趕緊否認。

「只是……如果你在學校跟我說話……」

我審視自己的內心世界，發現到真正的問題所在。是的，我害怕……

我害怕百合同學的眼光。

「蒼空同學為什麼要跟『奇怪』的理花變成好朋友？」我害怕聽到她這麼說。

這不是百合同學的錯，百合同學沒有惡意，我確實是個「奇怪」的女孩，她只是老實說出來而已。

這種錯綜複雜的心情很難形容，我沉默著低下頭。

「妳不希望我在學校裡跟妳說話嗎？」蒼空同學往前靠一步。他的臉靠得太近了，讓我覺得很緊張！

我只好往後退了一步，沒想到蒼空同學又前進一步。清秀的臉龐、自信的雙眼就近在眼前。

哇——又來了！太近了！我的臉頰不受控制的發熱，變得紅通通的。我想逃走，可是身體卻像被點了穴道，動彈不得。

就在這個時候——

「——爸！別跑！」

馬路上傳來大聲的叫喊，蒼空同學聞聲轉過頭去，我總算鬆了一口氣。可是——

「爺爺？」蒼空同學的聲音之大，又把我嚇了一跳。

咦，爺爺？定睛一看，蒼空同學的爺爺正拖著一條腿，從馬路的另一頭走過來。有個漂亮的女人從後面抓住爺爺的手。

「媽媽？」

再定睛一看，原來是蒼空同學的媽媽。蒼空同學的媽媽看到我們，臉上浮現出柔和的笑容。

哇！好漂亮！蒼空同學長得跟媽媽好像！

「咦？妳該不會——就是佐佐木理花同學吧？」

「啊！您您您……您好！」我的嘴巴緊張的不聽使喚。

「謝謝妳經常陪蒼空做甜點——爸！」爺爺自顧自的往前走，打斷我們的寒暄，蒼空同學的媽媽急忙說：「蒼空，快點阻止爺爺！他是從醫院偷跑出來的！」

爺爺拖著蒼空同學的媽媽走向Patisserie Fleur。

偷、偷跑？我呆住了！

「沒有其他人幫忙，如果我不開門，店就要倒閉了。」爺爺說。

「所以才要好好休息啊！萬一太勉強，身體又倒下怎麼辦？醫生不是說您的心臟負擔太大，要安靜休養才行嗎？」

「開店的人怎麼能休息啊！一旦休息，客人就會被別的店家搶走，不會再上門了。這麼一來……店就會倒閉！」

「真是的，怎麼都說不聽！蒼空，你也來勸勸爺爺！」蒼空同學的媽媽說道。蒼空同學擋在爺爺面前，阻攔他往前走，然後以堅定的語氣說：「我不是說過店裡還有我在嗎？」

爺爺一時有些錯愕。「蒼空，你……」

「我……我一定會當上甜點師傅給您看！我一定不會讓爺爺奶奶的店倒閉！所以——爺爺，請您回醫院！」

爺爺雖然嚇了一跳，但馬上搖頭說：「蒼空，你是認真的嗎？如果只是想玩玩，在甜點這個世界是行不通的！我在法國學了好幾年，好不容易才走到今天這一步。」

「我有決心。」

「你烤的餅乾和鬆餅都還不及格。」

「我、我從今天起會更努力學習……」

「但是你不擅長數學和理化啊！這樣行嗎？」

蒼空同學被這句話堵得無法反駁，可是他很快又抬起頭來，目不轉睛的看著爺爺說：

「接下來，我也會努力學習數學和理化的！我一定……一定會成為像爺爺一樣棒的甜點師傅。所以……請爺爺也要快點養好身體，收我為徒，我一定能派上用場幫忙的！」

蒼空同學的臉上是我從未見過的認真表情，看到他的模樣，我覺得自己一定要做點什麼才行？

因為……因為……蒼空同學絕對是認真的！他真的很努力！

我情不自禁的開口幫蒼空同學求情：「我也拜託爺爺！自從爺爺病倒後，蒼空同學每天都很努力練習做甜點！」

爺爺驚訝的看著我，然後「嗯……」了一聲，微微點點頭。他的眼珠子轉了一圈，看著蒼空同學說：「那就向我**證明**你是認真的吧？」

「怎麼證明？」

爺爺舉起右手，豎起四根手指。

「四天後進行考核。題目是……我想想啊！嗯，就做卡士達螺旋麵包好了。這是我們店內最熱賣的商品，要是做不出來，就表示你沒有天分，認命放棄吧！」

「考核」兩個字讓蒼空同學臉上的表情緊繃。

「可是，您要我放棄，萬一我真的放棄，以後不就沒有人可以繼承這家店了？」

「到時候我會乾脆把店收起來。」爺爺若無其事的說。

「什麼？」

蒼空同學的媽媽和我也不由得驚呼，因為把店收起來的意思是……關門大吉吧？

「爸，您冷靜一點！這麼重要的事不用急著現在決定吧？把店收起來，媽媽會難過的。」

「Fleur才不會難過呢！她肯定也會同意，與其賣給客人不完美的東西，還不如把店收起來。」

咦？Fleur？我的思緒有點飄遠，但事情好像變得很嚴重！讓我忍不住替蒼空同學捏一把冷汗。

也就是說，蒼空同學的考核成果將決定這家店的未來？好大的壓力啊！如果是我，肯定承受不住……

可是蒼空同學卻直視爺爺的雙眼，用力點頭說道：「好的，我一定會想辦法做出來給您看！」

爺爺長嘆了一口氣，轉身背對著蒼空同學，說道：「那我就先回醫院一趟了。好累啊！走不動了。」

「真是的……我去攔計程車，您再忍忍，走到大馬路這邊等一下，蒼空也來幫忙。」蒼空同學的媽媽嘟嘟囔囔的抱怨，扶著爺爺往前走。

「理花，抱歉，明天見。」蒼空同學丟下這句話之後，也跟著過去攙扶爺爺。

拜這場騷動所賜，蒼空同學已經恢復原本的自信模樣，爺爺出現之前，我們討論的話題彷彿從未發生過。

畢竟那是很難回答的問題，所以我也鬆了一口氣……

啊！等一下，名字的問題還沒解決！如果又提起稱呼的話題，只怕一切又回到原點。嗚……真是傷腦筋！我還沒理出頭緒來，蒼空同學又跑回來。

「理花，對不起。我太依賴妳了。難怪妳不想跟我說話。」

「咦？」

不、不是啦！蒼空同學誤會了！

「不、不是這樣的！我、我只是有點不好意思。」我趕緊解釋。

聽完我的解釋，蒼空同學似乎鬆了一口氣。

「那個，如果我沒看錯，做甜點的時候，理花看起來好快樂的樣子……我有看錯嗎？」

「你沒有看錯！」不假思索的回答之後，我才反應過來。這幾天我和蒼空同學一起做甜點的時候，真的、真的好開心。

見我把頭搖成像一個波浪鼓，蒼空同學笑著說：「那就好！那妳還願意跟我一起做卡士達螺旋麵包嗎？我想跟理花一起做……如果跟理花一起做，我覺得就連『夢幻甜點』都做得出來。」他露出真摯的表情，讓人很難拒絕，我只能點頭……

「蒼空，要走囉！」蒼空同學的媽媽喊他。

「那就明天見啦！放學後請妳再來Patisserie Fleur。」蒼空同學說完，就奔向爺爺的身邊。

蒼空同學的背影消失在視線範圍外，我這才回過神來。

啊啊啊啊！我又答應他了！

「可是他都這麼說了，根本拒絕不了啊！」

我小聲的自言自語，踏上回家的方向。說是這麼說，但身體輕飄飄的，走到一半開始用跑的。

說實話，我也很想再感受一次那種緊張、興奮的心情。成功固然開心，失敗也很高興。因為失敗一定有原因，只要仔細進行驗證、找出原因，就能有新發現。

就像理解一個又一個世上的原理，跟實驗一樣有趣——

我突然停下腳步。

咦……實驗？一樣？

做甜點的樂趣和做實驗的樂趣……在這兩種樂趣中間畫上等號的瞬間，我感覺腦袋好像被重重的敲了一記！原來如此！我之所以覺得做甜點很開心，原來是因為就像在做實驗啊……

繞了一大圈，我完全沒變啊！我還是那個「奇怪」的我。

意識到這點之後，我覺得已經無法再欺騙自己了。我呆呆的站在原地，動彈不得。

11 無法凝固的奶油

回到家後，我還無法從打擊中恢復過來。

「原來……我喜歡實驗……」我不得不承認這一點。

可是……我不想讓任何人知道這件事，因為大家一定又會說我很奇怪。可是如果換成「我喜歡做甜點」這個說法，是不是就沒有人會說我奇怪了？畢竟做甜點是一般女生的興趣，如果只是做甜點，肯定就不會有人說我「奇怪」了。

「嗯，別擔心！」我又對自己說了一次別擔心，心裡不安的騷動總算消失了。

然而，這邊才剛剛鬆一口氣，腦海中又突然浮現出另外一個大問題……那才是更重要的問題，怎麼辦？蒼空同學對我說明天見……也就是說，明天要做卡士達螺旋麵包嗎？萬一做不好，蒼空同學心愛的店就沒了！我沒想太多就答應和他一起做，這責任太重大了！

我也吃過Patisserie Fleur的卡士達螺旋麵包，那是爸爸最喜歡的甜點，包裹在烤得酥酥脆脆的派皮裡，有著柔滑順口的冰涼奶油，咬下去時，先是酥脆的口感，然後香氣四溢的內餡在嘴裡擴散開來，令人難以抗拒的美味。

蒼空同學知道該怎麼做嗎？如果知道作法的話應該問題不大。可是蒼空同學說所有的作法都在爺爺的腦袋裡，所以只能問爺爺嗎？爺爺會告訴他嗎？都說是考核了，爺爺應該不會主動洩露答案吧？

這時，媽媽突然在廚房大叫

出聲：「啊！弄錯酒的份量了！」

我看向廚房，媽媽正用大鍋炒著馬鈴薯、洋蔥、紅蘿蔔和肉。

「今天晚飯吃什麼？」

「馬鈴薯燉肉！」媽媽正與食譜大眼瞪小眼。

我覺得很奇怪：「媽媽，妳不是做過好幾次馬鈴薯燉肉嗎？沒有把它記起來嗎？」

媽媽挑起眉毛說：「妳能記住洋蔥三個、馬鈴薯五個、紅蘿蔔一條、牛肉兩百公克、醬油三大匙、酒一百毫升、砂糖五大匙和味醂兩大匙這些詳細內容嗎？」

啊，確實記不起來！

「……對不起。」我乖乖道歉，媽媽嘆了一口氣。

「這些材料的份量需要多少，怎麼記都記不住。」

這麼說來，上次媽媽也把砂糖的份量記錯，小匙變成大匙，結果做出又甜又鹹的麻婆豆腐。

媽媽說的很有道理，這些材料的份量的確很容易忘記……

我突然產生一個問題……等等！做甜點的方法那麼複雜，怎麼可能全部記在腦子裡。這樣不是很奇怪嗎？即使記得作法，要連份量都分毫不差也太困難了吧？

這時，我忽然想起爺爺貼在白板上的紙條，那些我曾經試圖解讀，但是因為太難而放棄的「暗號」。

「可是……有人會故意把份量寫成暗號嗎？」

廚房開始傳來咕嘟咕嘟煮菜的聲音，晚餐的馬鈴薯燉肉已經進入燉煮的步驟了。

「看來今天也失敗了……」但媽媽完全不介意的說著，轉身打開電視坐下休息。

啊……燉肉失敗啦！我大失所望。電視開始播放音樂，我也跟著看電視，剛好播出遊樂園的廣告，廣告台詞與花園的影像一起出現。

「歡迎參加 Flower Festival！」

咦？花園？Flower？

我好像想到什麼：「媽媽，我問妳，Flower 是花的意思嗎？」

「對呀，Flower 是花的英文。怎麼了嗎？」

如果 Flower 是花，爸爸為什麼說 Fleur 也是花？Fleur……這麼說來，我想起剛才蒼空同學的媽媽跟爺爺的對話。Fleur 才不會難過呢！

這句話聽起來，Fleur 好像是指人名……

咦？等等，蒼空同學說過，他們家的店名是取自奶奶的名字……

「啊啊啊啊啊！也就是說，Fleur 是奶奶的名字？」

難不成他的奶奶不是日本人嗎？那是哪國人呢？

「妳怎麼了？」媽媽被我嚇了一大跳。但我無法壓抑內心的興奮，大聲嚷嚷：「爺爺今天是不是說他曾經去法國學習好幾年？」

「那麼，開始囉！」

第二天，我依約去Patisserie Fleur，對著蒼空同學的平板螢幕，內心七上八下。

想起爺爺昨天說他去法國學習的事。既然如此，材料如果是用法文寫也不奇怪。

除此之外，我還有一個大發現。

「蒼空同學的奶奶……是法國人嗎？」我小心翼翼的問道。

「我沒告訴過妳嗎？這家店的名稱是奶奶的名字。」蒼空同學回答的很乾脆。

「你是有說過，但我沒想到她是法國人……」我只知道店名是花的意思，所以還以為他的奶奶是名字裡有個「花」字。

讓我感到驚訝的事情實在太多了，另一方面，蒼空同學正在翻譯網站輸入紙條上的字母，按下翻譯的選擇鍵。

蒼空同學對著顯示在螢幕上的文字大聲驚呼：「La crème 是奶油的意思！」

太好了，我猜對了！

蒼空同學繼續輸入：「Farine de ble 是麵粉，然後 Sucre 是砂糖……這些都是奶油的材料！」把紙條上的單字全部翻譯完之後，我和蒼空同學激動得漲紅了臉。

因為紙條上面寫的都是爺爺製作奶油的材料——麵粉、砂糖、蛋和牛奶的份量，也就是說，答案果然在那本筆記本裡！

我們默契相通，蒼空同學已經拿來掛在牆上的筆記本。

「只要知道是用法文寫的，就能解開這本筆記本的謎團了！」

嗯！現在有了這本筆記本，等於如虎添翼！

只是沒想到……

「完全不會凝固啊。」

紙條上寫著卡士達醬的材料，分別是：蛋黃三顆、砂糖七十公克、麵粉三十公克、牛奶兩百毫升，全部用打蛋器攪拌均勻，雖然變成奶油色，但不管怎麼攪拌，還是完全沒有凝固的跡象。明明在我的印象裡，用打蛋器攪拌鮮奶油都是這樣做的，哪裡不對了？

看電視的料理節目，只要按下電動攪拌器的開關，原本像牛奶般的液體就會立刻變成綿密的奶霜。

到底是哪裡不對呢？

「手酸了……好奇怪啊！我看爺爺只是攪拌而已啊！」紙條上只寫了材料，所以不知道更進一步的作法。

蒼空同學無奈的看著筆記本和平板電腦，因為整本筆記本的作法都是法文，所以根本不曉得奶油的作法寫在哪一頁？

不僅如此，我們還在努力翻譯，平板電腦的使用時間就到了，這下我們無法再繼續研究卡士達醬的作法。

「……妳不覺得三十分鐘實在太短了嗎？」

我也百般無奈的點頭。

「不能延長使用時間嗎？」

「因為我太愛玩遊戲了……媽媽很生氣，才訂下規定。不過，不要緊！我還有理花。」蒼空同學爽朗的笑著說。

可以不要這麼信任我嗎？我怎麼知道……我小聲嘀咕。

五點的鐘聲響徹雲霄，我盯著沒能變成奶油的液體嘆氣。

「時間到了，明天再加油吧……」

蒼空同學有些焦急的感覺，因為期限是三天後，到底來不來得及，他一定很不安吧？

「我回家也會繼續研究。」只要有電腦，應該就能查到大部分的作法。想到這裡，心情稍微輕鬆了一點。

「拜託妳了。」

蒼空同學笑著說，但我看得出來，他的笑容少了平常的活力。

12 水煮蛋的提示

回到家，我試著問媽媽作法，換來「媽媽怎麼可能會知道」這種回答。雖然是意料之中的答案，難免還是有些失望。

寫信問爸爸吧……我想到這裡，發現電腦不在平常擺放的地方？

「媽媽！筆記型電腦不見了！」

「爸爸帶走了，他要去出差。」

「咦，爸爸要出差？去哪裡出差？」

「去希臘。」

「什麼？真的假的？」居然是歐洲！

「妳不知道嗎？爸爸不是一直說他學會那邊很忙嗎？」

「我、我不知道！」

爸爸說過嗎？話說回來，我這陣子根本沒見到爸爸！

我急忙問：「爸爸他什麼時候回來？」

「嗯……禮拜天吧？」

這麼一來，就趕不上爺爺的考核了！怎麼辦？我還以為只要有電腦，總有辦法通過爺爺的考核……

對了！我抱著抓住最後一根救命稻草的心情，回到房間，想找出爸爸出差前留給我的那本《料理的科學事典》。可是書不曉得什麼時候收起來了，根本找不到。

既然如此……我小心翼翼，不被媽媽發現的偷溜進爸爸的書房。這也是沒辦法的事，現在是緊急狀況……。爸爸的書房是我的禁區，因為裡頭的書堆積如山，倒下來很危險，所以爸爸媽媽不讓我進去。

好久沒進來了，房間裡有一股圖書館的味道。除了窗戶，所有的牆壁都擺放著高度頂到天花板的書櫃，裡面全都塞滿了書，數量說不定比學校圖書館裡的書還多，而且幾乎都是艱深的科學圖書。

我看了一圈，感覺頭昏腦脹，這裡頭找得到我要的書嗎？但這時候也只能硬著頭皮努力想辦法了。

就在我下定決心的時候……

「理花！我不是說過好幾次，這裡太危險了，不可以進來嗎？」我膽戰心驚的回頭看，只見媽媽橫眉豎眼的站在門口。

哇啊啊啊……糟糕了！這下子只能自己動腦。

那天晚上，我輾轉難眠，天快亮的時候，我還做了一個被書櫃壓扁的惡夢，真是夠了！

我睡眼惺忪的吃著早餐，今天的早餐是水煮蛋和鬆餅、水果、優格。

張口咬下一口水煮蛋，只見黃色的蛋黃流出來。比起半熟蛋，其實我更喜歡凝固的蛋黃。

我把鬆餅送入口中，或許是因為我教過媽媽訣竅，感覺吃起來比平常更鬆軟，鬆餅甜甜的味道讓我想起與蒼空同學做的實驗。當時也很不容易，蒼空同學奮力的攪拌，卻因為攪拌太多次而失敗。可是這次再怎麼攪拌也無法凝固，怎麼每次都在做同樣的事……

嗯，同樣的事？我突然反應過來了。

蛋糕的麵糊和奶油，同樣都是米黃色。鬆餅的材料也是蛋和牛奶、砂糖、麵粉。

那為什麼奶油不會凝固呢？

「等一下……鬆餅裡還加了小蘇打粉。」

加入小蘇打粉的鬆餅麵團凝固了。

「也就是說，只要加入小蘇打粉就會凝固嗎？」我心想只能試試看了，可是又覺得好像哪裡不太對勁？我放下吃到一半的早餐，回房拿出實驗筆記開始看起來。

「理花，上學小心會遲到！還有，這樣太沒有規矩了！我說過多少次，不要邊吃飯邊看書！」

糟糕！被媽媽罵了！

每次挨罵的都是邊看報紙邊吃早飯的爸爸，但現在我充分明白爸爸的心情。因為有比吃飯更重要的事！

我喊了起來：「我知道了！下次不敢。」然後把鬆餅塞進嘴裡，但眼睛忍不住又偷偷瞄了筆記一眼。

用小蘇打粉做的是餅乾和鬆餅，在餅乾裡加入小蘇打粉是為了產生二氧化碳，讓餅乾變得酥脆。

至於在鬆餅裡加入小蘇打粉，則是為了讓鬆餅變得篷鬆柔軟。小蘇打粉可以產生氣體，讓物體膨脹。

「可是，奶油既不酥脆也不蓬鬆……」

既然如此，肯定與小蘇打粉無關，原因出在別的地方。

「那鬆餅為什麼會凝固呢？」

我喃喃自語，不經意的看著水煮蛋，靈機一動。

「原來如此——因為奶油是冷的，兩者不能從相同的角度去思考！」我叫著抬起頭來，只見媽媽一臉嚴肅指著時鐘說：「理花，妳真的要遲到了！」

我望向時鐘，已經八點。哇啊！再十分鐘就遲到了！

「真拿妳沒辦法，感覺家裡好像有兩個爸爸……」

我邊聽媽媽抱怨，邊拎起書包，衝出家門！

13 百合同學發現了！

那天，我一直坐立不安。

我趕在最後一刻衝進教室，所以早上沒機會和蒼空同學說話，下課時間也因為顧慮到百合同學的眼光，不敢在教室跟他說話。而且是我自己叫他不要在學校跟我說話，所以現在更無法主動開口！

但我怎麼也靜不下心來，心想，無論如何都得趕快告訴他，今天早上的新發現。

中午休息時間，我正想去操場時，在樓梯口看見蒼空同學，忍不住喊了起來：「蒼空同學！」

可是才一出聲我就後悔了。救命，這裡可是學校啊！怎麼就不能忍到放學之後呢？

蒼空同學露出意外的表情，走過來問：「什麼事？」

事到如今，我也不再逃避，壓低聲音說：「我知道奶油失敗的原因了！原因出在**水煮蛋**！」幸好周圍沒有其他同班同學。

「什麼？水煮蛋？」

我用飛快的速度，抓緊時間告訴他：「鬆餅和奶油的材料大同小異吧？所以沒理由鬆餅能夠凝固，而奶油不能凝固……既然如此，是不是加熱就好了？這是早餐時，我看到水煮蛋所想到的可能性。」我說得很急，想快點說完，擔心會被別人撞見！

「水煮蛋？」

「你想想看！蛋不是加熱就能凝固嗎？」我太緊張了，反而說明得詞不達意，真是急死人了。

「加熱……啊！對了！這麼說來，爺爺攪拌時用的好像是鍋子，而不是調理盆！我也不是很確定，但爺爺當時好像是在瓦斯爐上攪拌！」

就在我心想他總算反應過來，感到如釋重負的時候……

「你們兩個在聊什麼？」

我整個人僵住了。

聲音從背後傳來，那個人偏偏是我最不想見到的百合同學。

「妳說你們兩個不熟？果然是騙我的吧？理花同學和蒼空同學之間有什麼祕密嗎？」百合同學看起來很生氣。

百合同學身邊的空氣就像冬天

的清晨，給人寒風刺骨的感覺。明明今天的天氣一點也不冷，我卻全身都起了雞皮疙瘩。

「我也這麼覺得！難怪蒼空最近都不跟我們玩，變得好奇怪！」剛好經過的男同學也進來插話。

「我說，蒼空你最近為什麼跟佐佐木走得這麼近？」男同學打趣的調侃，但百合同學的眼神看起來就像在質詢。

只不過，蒼空同學好像沒有意識到這一點，絲毫不以為意的說：「因為理花的理化成績很好，知道好多事情，真的好厲害。將來她一定能當上博士吧？」

蒼空同學，你怎麼在大家面前提這件事！這是我一點都不想讓別人知道的祕密啊。

我覺得眼前一片漆黑——好不容易才擺脫「怪人」的封號！我只想當個「正常」又「可愛」的女孩子！

我的腦海中亂成一團，怪人、怪人、怪人、怪人……似乎有人在我耳邊大聲嚷嚷，嗡嗡作響……眼前的蒼空同學彷彿變形了，全身的血液也像是從腳尖開始慢慢流失……

「理化成績很好……啊！對了！理花很喜歡昆蟲嘛！」百合同學不經意的說起這件事。

「我想起來了，她說吉丁蟲是她的寶物……」

夠了！別再說了！我已經把吉丁蟲丟掉了！已經……不喜歡了！

「我才不喜歡理化！」我放聲大喊！

我抬起頭來，與蒼空同學對上眼。蒼空同學看起來嚇了一大跳，其他人也不約而同的看著我。

我知道自己整張臉都漲紅了，真是太丟臉。蒼空同學可能也覺得我是個怪人，我好想哭，好想逃走，可是……越來越多同學圍過來湊熱鬧，讓我一時之間無路可逃。

什麼？什麼？大家全都一臉好奇的看過來。

「喜歡理化的佐佐木，為什麼會和蒼空同學變成好朋友？」男生都笑得不懷好意。

受到眾人的奚落，蒼空同學看起來不太服氣的樣子。

「有什麼問題嗎？」

蒼空同學不耐煩的口氣，加上帶刺的表情反應，都跟平常不太一樣，大家都不敢再多說半句。

儘管如此，大家顯然還在等他公布答案。

蒼空同學有些困惑的低頭不語，但隨即抬起頭，正面回答：「因為我對理化一竅不通，所以請理花協助我做蛋糕。」

「蒼空同學，你會做蛋糕？真的假的？」百合同學不可置信的喃喃自語。從她臉上的表情幾乎可以看到「你居然會做那種女生才會做的事？」這幾個大字。

我嚇得屏住呼吸。

可是蒼空同學的眼神依舊頑強，他看著百合同學說：「嗯，因為我將來想成為甜點師傅。」

「咦？」周圍的女生齊聲驚呼。

「我都不曉得，真的好意外啊！」

「我還以為你想當運動選手，你跑得那麼快！」聽到大家的竊竊私語，我感覺腳底發涼。

「真的嗎？所以這陣子你不打遊戲，是因為在做甜點嗎？」

「蒼空居然會做甜點，完全想像不出來！」

「你該不會只是喜歡吃甜點吧？」

大家七嘴八舌發表意見，掀起更大的騷動，人也越來越多了。

「什麼？什麼？在討論什麼？」

「在討論廣瀨同學想當甜點師傅這件事！」

「什麼？廣瀨同學嗎？」就連別班的學生都被風雲人物蒼空同學的最新消息吸引過來。

發現流言越傳越廣，我的心跳變得好快，感覺快不能呼吸……

蒼空同學「好奇怪」……感覺隨時都會有人這麼說，我擔心的快要暈倒了。要是真的有人這麼說，蒼空同學一定會很受傷，就像我以前那樣……我絕不容許這樣的事情發生！

要快點想想辦法才行，為了保護蒼空同學，我忍不住大聲反駁：「因為蒼空同學開蛋糕店的爺爺住院了，蒼空同學只是想要幫忙而已！蒼空同學才不會……」怎麼做才能保護蒼空同學？我是怎麼保護自己的？

對了！我的方法是從此不再做任何會被說我「奇怪」，而且「跟男生一樣」的事。

既然如此——我拚命在亂如麻的腦子裡尋找適當的字眼，然後不假思索的脫口而出：

「他才不會做那種跟女生一樣的事！」

對吧？是這樣沒錯吧？蒼空同學只要露出像平常那樣開朗的笑容，開玩笑就可以了，快點順著我的話矇混過去吧！

我自以為聰明的看著蒼空同學，沒想到——

「什麼？」

蒼空同學冷若冰霜的聲音迴盪在走廊上，我心裡一凜。蒼空同學看著我，臉上是我從未見過的表情。

「你說什麼？『跟女生一樣』？所以……理花，原來妳也覺得我很『奇怪』啊？」

聽到這句話的同時，感覺我和蒼空同學之間出現一面無形的高牆。

蒼空同學撥開人群走了出去，其他人也尷尬的原地解散。

啊……剩下我一個人時，我才恍然大悟。

「跟男生一樣」……我居然對他說出曾經令我傷心欲絕的話？想不到傷害蒼空同學最深的人，竟然就是我。

14 被討厭了!?

放學後，蒼空同學一溜煙的離開教室。我知道蒼空同學現在有多生氣，所以我很難過的走出校門。

太陽很大，把柏油路曬得熱騰騰的。我低著頭，凝視腳邊的陰影，深深的嘆了一口氣，滿腦子都是蒼空同學的事。

我得向他道歉，就算明白向他道歉，他也不會原諒我，即便如此，還是要道歉，絕不能讓那種表情一直留在蒼空同學的臉上，我要快點去

Patisserie Fleu才行。

我握緊拳頭，走向櫻花樹時，前方是那個熟悉的男孩……我不敢相信自己的眼睛，蒼空同學——

我下意識地想奔向蒼空同學時，就在那一刻——

「金子，妳可以給我一點時間嗎？」

聽見蒼空開口，我停下腳步，百合同學正走在蒼空同學的前面。

百合同學回頭了，我趕緊躲進電線桿後面。因為今天發生的事，我更不知道該怎麼面對百合同學了。

我屏氣凝神，豎起耳朵，聽見蒼空同學說：「妳現在方便嗎？我有事想跟妳商量。妳知道我家在哪裡嗎？那家名叫 Patisserie Fleur 的蛋糕店。」商量？去 Patisserie Fleur？

百合同學瞪大雙眼，臉頰變得紅通通的回答：「當然可以啊！我很高興能幫上蒼空同學的忙！」

她高亢的嗓音像是刺穿了我的身體，我悵然若失，因為這意味著……蒼空同學邀請百合同學去 Patisserie Fleur，肯定是為了代替我，蒼空同學的意思是，他已經不需要我的幫忙了。

沒錯，就是這樣。

蒼空同學已經不需要我了。

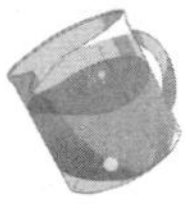

15 — 伸出手的蒼空同學

我徹底喪失自信，彷彿少了三魂七魄。明明是星期六，但我哪裡也沒去，只是開著電視，躺在沙發上滾來滾去。

看完早上的卡通，電視開始播放料理節目。這一集的內容居然是製作甜點？只見流理台上擺放著調理盆、打蛋器、量杯……畫面與Patisserie Fleur的情景重疊，我實在看不下去，只好關掉電視。

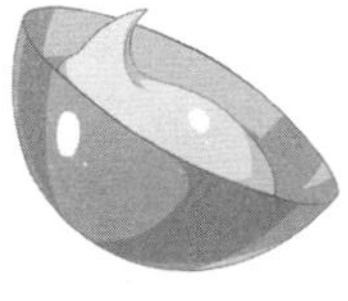

聽見我關掉電視，媽媽的聲音從廚房傳來：「理花，妳是不是有什

麼煩惱？要不要告訴媽媽？」

果然是媽媽，一眼就看得出來我很失落。可是，唯獨這個煩惱就連媽媽也不能說。

以前不管發生任何事，我都會跟媽媽商量，可是這麼丟臉、這麼糟糕的事情，我不想讓任何人知道——包括媽媽在內。

「嗯……沒什麼。」

媽媽低下頭，發出輕聲嘆息。

「是嗎？沒事就好……那妳去院子裡幫忙除草吧！這陣子長得太多了，亂糟糟的。」

「好。」

如果再繼續賴在沙發上，媽媽可能又會問我一堆問題，我只好慢吞吞的站起來。

「工具都在院子的儲藏室裡面。」

接過實驗室的鑰匙，走進庭院。正如媽媽所說，院子裡的雜草長得亂七八糟。

蒲公英恣意伸展著鋸齒狀的葉片，春紫菀的莖伸得直直的，長出許多花蕾。媽媽說過，萬一結成種子就麻煩了。因為輕飄飄的綿絮會飛到很遠很遠的地方，不過它的葉子很軟，根本不需要工具。

我蹲在地上，專心拔草。這時，耳邊傳來玄關門打開的聲音，我望向門的方向，不可置信的瞪大了雙眼……蒼空同學就站在門口！

騙、騙人的吧！

「你來找理花的嗎？她在院子裡……」蒼空同學的頭順著媽媽的聲音轉了過來。

救命啊！我不敢看他的臉！我的第一個反應是想逃跑。

我在院子裡四下張望，找到一個好地方——實驗室！

「啊——等一下，理花。」

蒼空同學的聲音響徹整個院子，但我頭也不回，很快的衝進實驗室，從裡面上鎖！

如果蒼空同學是來告訴我，他已經不需要我，想改找百合同學幫忙的話，我肯定會非常傷心！

「理花，開門！」

「理花，妳躲在裡面做什麼？快點出來！」

門外傳來蒼空同學和媽媽的叫聲，以及「咚、咚」拍打著實驗室大門的聲音。我蹲在地上，緊閉雙眼、摀住耳朵，不想理會外面的人。

我知道逃避不是辦法，可是拍門的聲音就像在責備我，我好害怕，說什麼也不敢開門。

過了好一會兒，敲門的聲音停了。感謝老天！他們總算死心了。就在我鬆了一口氣的時候，頭上響起「嘎吱」一聲……我抬起頭，蒼空同學的臉出現在窗口。

咦？那扇讓空氣流通的窗戶，裝在距離地面約兩公尺左右的高度，我做夢也沒想到……蒼空同學居然會從那裡進來？

我全身僵硬的看著蒼空同學靈活的鑽過窗框，輕巧著地！

他的臉上滿是怒氣。

「對……對不起。」

我不自覺地低頭道歉。

「為什麼要跟我道歉？」

蒼空同學的聲音還是一樣冰冷，我不敢抬頭，突然好想哭。

「那不是我的真心話。」聽起來好像藉口，真丟臉！就算不是真心話，一旦說出口，就再也收不回來了。

蒼空同學默不作聲，無論我怎麼道歉，感覺都像是打在棉花上的拳頭，真的好難過。

「我怕大家說你『奇怪』，想用開玩笑的方式帶過，所以……如果你覺得找百合同學幫忙更好，我也能理解。」我含著眼淚說。

蒼空同學總算開口了：「百合？關金子什麼事？」

「你不是拜託了百合同學，請她代替我去幫忙嗎？」

「有嗎？為什麼？」

「什麼為什麼……因為我對你說了非常過分的話。」

「可是我也說了傷害妳的話不是嗎？」

我猛然抬頭，蒼空同學也正看著我。

「妳不喜歡我說妳理化成績很好吧？因為妳的態度在那之後變得好奇怪，所以我問了金子，想說她可能知道些什麼？結果她說妳以前把當成寶物的昆蟲丟掉的事……」

百合同學告訴他以前的事了？元素圖鑑、鹽的結晶，還有吉丁蟲的事……既然如此，蒼空同學一定也覺得我很奇怪。

「理花，妳說妳討厭理化是在說謊吧？」

我在蒼空同學的追問下，用力閉上雙眼，不敢看他的眼睛。

「我沒有……說謊。」

「少騙人，妳做實驗的時候那麼開心，怎麼可能討厭理化？」

「因為那不是實驗啊，那是在做甜點。跟抓昆蟲不一樣，做甜點的女生一點也不奇怪，所以……」

「原來如此。」蒼空同學嘆了一口氣。「所以甜點是女生做的東西？難道妳也覺得做甜點的爺爺跟女生一樣，很奇怪嗎？」

「咦？」

「我無所謂！因為我聽過太多難聽的話，已經麻痺了。可是……如果妳敢瞧不起爺爺，我可饒不了妳。」蒼空同學充滿挑戰意味的視線盯著我不放，我感覺自己的心臟被揪成一團。

原來如此，抓昆蟲是男生的事、做菜是女生的事——這種想法其實否定了蒼空同學和他爺爺所做的一切。明明才對蒼空同學說出那麼傷人的話，我怎麼還沒學乖呢……

我意識到自己的愚蠢，眼看著蒼空同學冷冷地轉過身去。

「我懂了，再見。」

他對我失去耐性，我被討厭了！

我的胸口痛得有如針在扎，情不自禁的大喊：「等等，蒼空同學！我從來不覺得你和你的爺爺很奇怪！我覺得你們很帥氣！」大喊大叫後，我的臉一口氣漲紅了。

等一下！我現在對著蒼空同學本人說他很帥氣？

「啊！那個，我……」這真是太令人害羞了！是、是不是收回前面的話比較好啊？說我沒有其他的意思。

我難為情得不知如何是好？只見蒼空同學轉身回頭，露出惡作劇成功的笑臉。

咦……蒼空同學該不會是假裝生氣吧？

「好、好過分！你在耍我嗎？」

聽見我的抗議，蒼空同學哈哈大笑。

「理花，大大方方面對自己吧！根本不需要在意那些取笑妳的人。為那些人放棄自己的愛好太可惜了。」蒼空同學挺起胸膛，眼神十分真誠的說。

蒼空同學接著說：「我以前說我想開蛋糕店的時候，也曾經因為被嘲笑跟女生一樣而感到消沉。當時爺爺告訴我，想笑的傢伙就讓他們笑，就讓他們說我奇怪好了。如果沒有勇氣跨出刻板的框框，就沒辦法做出新的創舉。」

「咦，你也是嗎……？」

「所以我告訴自己，當別人說我奇怪的時候，其實是在稱讚我『好厲害』的意思。」

我仰望著笑得很得意的蒼空同學，灑落在屋內的陽光照亮了他，蒼空同學的眼裡閃爍著比平常更強烈的光芒，目不轉睛的注視著我。他的眼神裡充滿了溫柔、堅強、開朗等各種情緒。

啊！蒼空同學就像萬里無雲的藍天，看到他，內心自然而然會湧出一股積極向上的力量。

沒錯！就是這樣。做甜點的蒼空同學也很帥氣！由此可知，做自己喜歡的事跟男生女生一點關係也沒有。

我呆呆的看著他，心裡讚歎不已。蒼空同學有些靦腆的伸出手。

「起來吧！」

我遲疑的握住眼前的手，蒼空同學拉起蹲在地上的我。

「理花，我們一起做甜點吧！一起做實驗吧！總有一天，當上博士的理花和變成甜點師傅的我，我們將會聯手做出『夢幻甜點』……不對！是比『夢幻甜點』更厲害的甜點！如果有人敢傷害妳，我一定會保護妳！」蒼空同學用力的握了我的手一下，這是和好的表示。

看著蒼空同學的眼神，我無法移開目光，不由自主的點點頭。

蒼空同學的笑容有如太陽般燦爛，他說了聲：「走吧！」便伸手推開了實驗室的門。

16 通往「喜歡」的第一步

我對著等在外面的媽媽說：「對不起，不過問題已經解決了。」媽媽也沒有再追問，只說：「是嗎？沒事就好了。」

當我說我要去做蛋糕的時候，媽媽很高興的樣子。她大概在外面都聽到了，也知道我在煩惱什麼？

我和蒼空同學直接前往Patisserie Fleur，走到半路，蒼空同學在轉角的地方停下腳步，那條路是通往我每次都刻意避開的公園。可是……

我用力握緊拳頭，不要緊，不用再逃避了！

我鼓起勇氣邁開腳步，經過公園前面的時候，百合同學果然在那裡，旁邊是兩個跟百合同學很要好的同班同學——小唯和奈奈。她們都是喜歡可愛東西的女生，衣服也很漂亮，有如盛開的花朵。面對她們，我還是會很緊張，緊張到裹足不前。

百合同學看到我和蒼空同學，驚訝的瞪大了雙眼。百合同學走過來問：「你們要去哪裡？」

蒼空同學看了我一眼，彷彿是在問我沒事吧？我注意到這點，往前跨出一步，表示我沒事。

「我們要去蒼空同學爺爺開的店做甜點。」

百合同學聽到我這麼說，看了蒼空同學一眼，臉色不太好看。

「哼，你果然在做甜點。」

她說這話時，臉上的表情寫滿了無法理解。

百合同學大概覺得男生做甜點很奇怪吧？可是昨天看到我說他跟女生一樣，這話惹火了蒼空同學，所以她也不敢直說。

猜到她的小心思，我忍不住捏了一把冷汗。如果蒼空同學也察覺到她的想法，一定會很不舒服。

不過，蒼空同學只是微微聳肩，丟下一句：「對啊！」

原來聽在他的耳朵裡，這句話的意思是「好厲害」，看到蒼空同學一臉不介意的樣子，我心中也放下大石，覺得這樣的他好帥氣。

倒是百合同學有些不服氣的嘟嘴，看著我說：「理花同學也要去嗎？」她的詢問，聽起來像是為什麼你要跟蒼空同學一起做甜點？妳昨天不是才說妳討厭理化嗎？

蒼空同學看著我，眼裡寫滿擔憂。或許他就像剛才說的那樣，想要保護我。

只不過……我用力握緊拳頭，事情演變成這樣，我已經不能再逃避了，也不能永遠等別人保護，我必須戰勝以前軟弱的自己。

「蒼空同學，你先過去！」

蒼空同學有些意外的看著我，隨即表示意會的點了點頭，他先走一步，我則和百合同學在公園面對面站著，時間彷彿倒轉回到從前。

我在百合同學臉上看見三年級的她，同時也聽見當年的聲音：「理花同學真的好奇怪……居然喜歡昆蟲，簡直跟男生一樣？我有點不能接受……感覺好奇怪。」

我的內心隱隱作痛，我迴避百合同學的視線，往下盯著腳邊。

妳不是想當個正常、可愛的女孩子嗎？原本已經消失的膽小鬼偷偷的探出頭來，沒用的我又想要開始逃避了……

只要隨便找個理由搪塞過去就好了，只要回答不是，我喜歡的不是理化，而是做甜點就好了。

「我……」

我不行了，正當我就要被壓力擊垮時……

「理花，大大方方的面對自己吧！」蒼空同學的聲音趕走我心裡的膽小鬼，我揚起臉，沒錯！我已經不再是以前的我了，沒什麼好怕的。

我已經不害怕了。

「百合同學或許不能接受昆蟲，或許覺得昆蟲很噁心。可是——我喜歡牠們。跟百合同學喜歡可愛的東西一樣的喜歡。」

聽我說到這裡，百合同學露出錯愕的表情。

「在那之後，我一直告訴自己，我討厭昆蟲，也討厭星星、石頭、實驗這些東西，可是我一直很苦惱，如果繼續欺騙自己、隱藏自己的喜好，我可能會越來越討厭自己。所以，我不要再說謊了。」我深深地吸一口氣，讓心裡充滿勇氣，開口說道：

「我喜歡理化。」

一說出口，在我的心底泛起漣漪，並且一圈一圈的擴大，滲透到四肢全身，我的體內開始湧出源源不絕的力量。

「還有啊！做甜點就跟理化實驗一樣，太好玩了！所以——我要跟蒼空同學一起做甜點！」

不管別人怎麼說，我都不想放棄自己喜歡的東西。就這樣放棄實在太可惜了。感覺一旦低下頭，就會輸給軟弱，所以我說這些話時，始終抬著頭。

百合同學有點傻眼，隨即移開視線。「妳、妳為什麼突然說這些話？理花同學……果然很奇怪。」

「我很『奇怪』嗎？」再次聽到這個評語時，我已經完全不介意了，真不可思議。反而是我的嘴角不由自主的往上揚，只見百合同學大驚失色的尖叫：「很、很奇怪啊！」

她奔向小唯、奈奈的身邊。

「所以她是說我『很厲害』的意思嗎？」我忍不住笑出來。

回過神時，我的感覺十分痛快。彷彿從三年級開始，一直堵在胸口的東西，這下子似乎全部飄走了。

啊！我總算說出來了，說我喜歡理化！好想跟三年級的我擊掌！

我深深的吸進一口氣，往 Patisserie Fleur 的方向走去。

17—最後的任務

「好了！開始吧！」

我抵達Patisserie Fleur時，蒼空同學早已把手洗乾淨，穿上圍裙，綁上三角巾，準備就緒。

「這次一定要做出卡士達醬！」

「可是，我只知道要開火……」

聽我這麼說，蒼空同學說了一句：「看我的！」然後掏出一疊紙。

「其實我翻譯了爺爺的筆記本！」

「好厲害！一定花了很多時間吧？」

「沒什麼啦！」蒼空同學笑著說：「我跟媽媽商量，請她讓我一次用完五天份的平板電腦使用時間。」然後指著一個小碟子說：「還有這個。」碟子裡有個細細黑黑，長得像四季豆的東西，乍看之下，還以為是隻蟲，讓人全身豎起寒毛。

我喜歡昆蟲，但無法接受在奶油裡加入昆蟲！

「這是什麼？」

「香草莢，材料的紙條上面沒寫，但作法的地方有寫。」

啊！這個我聽過！是一種香香甜甜的香料！

「……了不起，好講究！」

「因為我們家是蛋糕店嘛！」蒼空同學露出自豪的表情。

蒼空同學敲破一顆蛋，分開蛋黃和蛋白。他不只會打蛋，用蛋殼分開蛋黃和蛋白的姿勢也有模有樣，看得我眼睛都快冒出愛心了。

只見蒼空同學把分開的蛋黃和砂糖攪拌均勻，然後加入麵粉，攪拌到不再有粉末狀。

「你說要『加熱』，對吧？」蒼空同學看著鍋子裡面已經煮沸，並加入香草莢增加香味的牛奶。

蒼空同學認為需要加熱的材料是指牛奶，但是如果只用看的話，根本無法正確知道牛奶的溫度。

「接著要拌勻蛋液和牛奶對吧？」

我看了一下作法，點頭附和。

蒼空同學分次往鍋子裡倒入由蛋、砂糖和麵粉混合而成的材料，然後以畫圓的方式攪拌。

咦？好像結塊了……

只見鍋子裡的東西開始凝結成黃色的固體，這樣不要緊嗎？

蒼空同學毫不在意，他把鍋子放在瓦斯爐上，然後邊開火邊問我：

「火的強度多大？」

「上面寫的是中火。」

蒼空同學繼續攪拌，然後液體變成一塊一塊的。我們目不轉睛的盯著，只見鍋子周圍開始噗滋噗滋，發出沸騰的聲音，這下子應該會變成柔軟滑順的狀態吧？

正當我這麼想時，蒼空同學停下攪拌的動作。

「妳不覺得……它有點怪怪的嗎？好像蛋花湯……」

就像黃色的炒蛋漂浮在米黃色的水中，這實在稱不上是奶油。

「火、火太大了……咦？可是上頭不是寫著中火嗎？」明明都按照作法做了。

「理花，妳知道為什麼嗎？」

蒼空同學求救似的看著我，我心裡很慌。不能依靠爸爸，沒有電腦，也沒有時間，怎麼辦？

我不知所措，可是又不能眼睜睜任由 Patisserie Fleur 關門大吉。絕對不能放棄！

「再檢查一次步驟吧！肯定有什麼地方跟作法不一樣。」我拿出實驗筆記，心想「失敗一定會給我們提示的。」

失敗沒關係，只要弄清楚到底是哪裡出錯就好了，從小到大的實驗都是這樣的。只要不犯相同的錯誤，遲早一定能找到正確答案。

我打起精神說：「再看一次作法吧！我們一起找出錯誤。」

蒼空同學點點頭，眼神裡的不安也消失。

我一邊檢查材料有沒有錯，然後一邊看著筆記開始念：「一、為材料計量。二、把蛋黃和砂糖仔細攪拌均勻。三、加入麵粉，稍微攪拌一下。四、一點一點的加入熱牛奶。五……」當我念到這裡時，蒼空同學發出一聲驚呼！

「啊？那個……加入熱牛奶？我好像是把攪拌好的東西，加到牛奶的鍋子裡？」

「這就是原因嗎？咦，可是一樣都是攪拌，對吧？」

「對啊！」

「不管怎麼樣，先記下來吧！」我繼續閱讀食譜的作法。「五、倒進小鍋，開中火，攪拌均勻，用力攪拌至呈現濃稠狀。」

「我們剛才只做到這個步驟呢！因為變成『蛋花湯』，只好結束。問題出在是要把牛奶加進去，還是加到牛奶裡嗎？怎麼好像在玩文字遊戲啊！」蒼空同學嘆了一口氣。

我也覺得有點混淆了！

「或許我們動手之前，應該先徹底看過食譜。」

「嗯，爺爺常說料理即科學，所以要很小心。即使乍看之下不重要的細節，或是不小心容易忽略的步驟，都是很重要的。」

我同意！

「料理即科學」這句話一直在我耳邊縈繞，揮之不去。

肉眼看不見的微小物質，會以迅雷不及掩耳的速度移動，所以即使是細微的差異也會造成巨大的改變，這些失敗的奶油也不例外。

蛋、牛奶、砂糖和麵粉產生了不如我們預期的化學反應！想像那些化學反應背後隱藏的祕密，我的內心就充滿興奮與期待。

「好，我會記住所有的步驟，這次一定不會再失敗！」蒼空同學握緊拳頭。

我點點頭，繼續往下念：「六、攪拌到柔滑細緻的狀態，在燒焦前先關火。七、移到方形淺盤裡、用冰塊快速冷卻。」

念到這裡，我不解的問道：「什麼是方形淺盤……又不是打棒球？」

（譯註：日文的方形淺盤與球棒的發音相同）

蒼空同學莞爾一笑。

「不是那個球棒！」然後指著金屬製的托盤。

他會讀心術嗎？

「我、我知道啦！可是，那個……要怎麼冷卻？」太丟臉了！我趕緊岔開話題，蒼空同學也收起笑臉，認真的聽我說明步驟。

「應該不是直接丟冰塊進去……先把冰塊放進大一號的方形淺盤裡，再放上裝著奶油的方形淺盤就行了。」以上是完整的作法。

「用力的」、「燒焦前」……這些地方都寫得含糊不清、難以理解，但這些描述應該也很重要，我仔細記在腦子裡。

「嗯……記住了！那就從第四個步驟開始，小心重做一遍吧！」蒼空同學堅定的說，他挽起袖子，仔細拌勻蛋和砂糖，再加入麵粉，稍微攪拌一下，終於來到第四個步驟，把熱牛奶一點一點的倒進調理盆，每次都仔細的攪拌均勻。

「啊，這次好像沒有結塊了！」

剛才做到這裡的時候，出現黃色的固體。

我和蒼空同學互看一眼，點頭附和。內心想著或許這裡就是出錯的關鍵？

「是中火對吧？不是小火？」

「沒錯！」

我們把攪拌好的東西移到鍋子裡，戰戰兢兢的開火，小心翼翼的攪拌。我們輪流攪拌，過了好一會兒，總算呈現濃稠狀。

「來了！接下來要用力攪拌！」

我心裡著急，努力增加攪拌的次數，但很快手臂就沒力了。見我停手，蒼空同學馬上接過木勺：「換我來！」他開始認真的攪拌。確定奶油變得柔滑細緻後，我喊了起來！

「要趕在燒焦前！」快速將鍋子從爐火上移開，又喊：「方形淺盤！冰塊！」我們把鍋子裡的東西倒進事先準備好，泡在冰塊裡的方形淺盤內，滑順的奶油在方形淺盤裡蔓延，我包上保鮮膜。鬆了一口氣的同時，喜悅湧上心頭。

「……完成了？」蒼空同學問。

「可能吧！」

保鮮膜底下的卡士達醬不負其名，呈現出漂亮的奶油色，那是月亮的顏色。不再像剛才那樣「結塊」，而是一口咬下卡士達螺旋麵包時，會跑出來的那種柔滑細緻的奶油。

「要不要嚐嚐看？」

我點點頭。

我掀開保鮮膜的一角，用湯匙各挖了一小口……熱氣迎面而來，香草甜甜的氣味令我露出微笑。

「還熱騰騰的。」

我們一起放入口中，眼珠子都要掉出來了。

「好好吃！」我們喊了起來！

味道不是很甜，但是可以充分吃到雞蛋的味道。很溫和、很溫柔、很溫暖的味道。是……Patisserie Fleur的味道！

「太美味了！這是我第一次吃到熱熱的奶油，真的太好吃了！」蒼空同學也眉開眼笑的說：「如果是這種奶油，肯定能讓爺爺對我的表現刮目相看！」

「蒼空同學……這可是考核啊！只有刮目相看還不夠吧？」

「啊！說的也是。」蒼空同學有些不好意思的笑著說，又吃了一口奶油，然後，他笑得有如燦爛的太陽。

18 爺爺的考核

禮拜天終於來了！

我始終毛毛躁躁，鎮定不下來，因為蒼空同學要我陪他去給爺爺探病！爺爺在鎮上最大的醫院住院，我走在寬敞的大廳裡，壓低聲音，問蒼空同學說：「我真的可以來嗎？」

因為是醫院，我問得很小聲，蒼空同學也以耳語般的音量回答：「這是我和理花一起完成的奶油，如果不帶妳來，不是很不公平嗎？」

爺爺的病房在七樓，從窗口可以看到整條街。一眼就看到學校，但我家和 Patisserie Fleur 太小了，所以看不見。

我們緊張的走近病房內最裡面的那張床，爺爺還是老樣子，始終板著一張臉。以犀利的眼神看著我和蒼空同學，然後用低沉的嗓音說：

「做出來了嗎？」

或許是遺傳，蒼空同學也有同樣炯炯有神的雙眼。

被這種眼神盯著看，我的腿都軟了，不過蒼空同學似乎早已習慣，他自信滿滿的拿出剛做好的卡士達螺旋麵包，麵包一從袋子裡拿出來，甜甜的香草氣味立刻瀰漫整間病房。

爺爺看著螺旋麵包，觀察了好一會兒，然後才一口咬下。我緊盯著爺爺咀嚼的嘴角，祈求一切順利。

爺爺的喉嚨上下動了一下，吞下麵包，我和蒼空同學屏住呼吸。

「……嗯，比起一開始的餅乾，確實進步很多。」

得到爺爺的讚美，蒼空同學臉上充滿了期待的光輝。

「所以……通過了嗎？」

爺爺嘻嘻嘻的笑著說：

「不——這樣還不及格！」

「這樣還不行嗎？」蒼空同學叫了起來！

「你還好意思說！你用的是冷凍派皮吧！」

「啊，被發現了！」

我也慌了。

爺爺說的沒錯，因為沒有時間翻譯派皮的食譜，所以我們用了現成的派皮……蒼空同學還說一定沒問題？

不愧是爺爺，完全騙不了他！

「別小看專業的甜點師傅！」

蒼空同學低下頭，看起來無精打采。

轉眼之間，爺爺已經笑咪咪的吃光了全部的螺旋麵包！就連溢出來，掉在盤子上的奶油也舔得一乾二淨。

一定很好吃！

咦，這樣還不及格的話……我悄悄望向蒼空同學，只見蒼空同學不甘心的盯著螺旋麵包，心有不甘的抱怨：「為什麼不讓我及格！我只是想快點獨當一面，可以製作『夢幻甜點』啊！」

看到他的反應，我好像懂了。難不成爺爺是為了讓蒼空同學繼續認真學習，才故意不稱讚他？因為如果給他太多讚美，他可能會得意忘形，不再努力學習？

我是不是猜對了？

我以眼神詢問爺爺，只見爺爺微微一笑，然後對著還在消沉中的蒼空同學說：「奶油完成得還不錯。」

「對、對吧！」

「嗯……所以，雖然不能收你為徒，但是看在你讀懂了那本法文食譜的份上，讓你當個徒弟候補吧！」

「徒弟和徒弟候補有什麼不同？」

「意思是說你還差得遠呢！實際嘗試之後，你應該也感受到『料理即科學』了吧？所以先把數學和理化學好再說吧！」

蒼空同學不服氣的嘟起嘴巴，爺爺看著我說：「話說回來，蒼空，你不介紹這位小姐給我認識嗎？」

「啊，差點忘了，她是和我同班的佐佐木理花。幸好有她幫忙，我才能完成考核！」

「呃，那個……我是佐佐木理花。」啊，咬到舌頭了！

我羞紅了臉。

「前陣子讓妳看到我們吵架的樣子，真是不好意思……妳是理花同學嗎？請問怎麼寫呢？」

「理科教室的理，Fleur 的花。」

「真是個好名字。」爺爺笑著說。笑容讓他從可怕的爺爺，變成溫和慈祥的爺爺。

我點點頭，我很喜歡自己的名字呢！

「小孩的名字裡充滿了父母的願望，我們家希望養出一個有如藍天般開朗的孩子，所以取名為『蒼空』。幸好蒼空沒有辜負我們的期望……理花同學的父母對妳有什麼期待呢？」爺爺哈哈大笑，我卻有點想哭。

我的名字是爸爸取的，爸爸從來沒說過，但我知道爸爸灌注在這個名字裡的心願。

「我爸爸很喜歡理化……」

爸爸是科學家，他喜歡理化是再自然不過的事了，所以他肯定也希望我能愛上理化。可是我卻對他說我不想再做實驗了，當時爸爸也尊重我的意願。

自己喜歡的東西被女兒否定，爸爸一定很傷心。我明明內心也很喜歡，卻因為害怕而對自己說謊，還讓爸爸傷心，我想到這裡，眼淚不禁順著臉頰滑落。

蒼空同學問我：「理花的爸爸什麼時候回來？」

「今天，他說三點會到家。」

看了看時鐘，已經兩點半了。

「那我們走吧！現在立刻去見理花的爸爸！告訴他其實妳很喜歡理化！」蒼空同學不由分說的抓住我的手，令我大吃一驚！被他抓住的地方變得滾燙，我知道自己臉紅了。

「不是還有一個奶油的謎團沒有解開嗎？所以妳可以告訴他，妳還想跟他一起做實驗！別擔心，他一定會很高興！」蒼空同學拚命勸我，導致我無法從他身上移開視線。

啊！蒼空同學真的好厲害！

既堅強，又溫柔。即使我跌倒了，他也會拉我起來。即使我的心傷痕累累，他也會鼓勵我，告訴我要往前看……所謂的英雄，就是在形容像蒼空同學這樣的人吧？

我點頭如搗蒜。

「謝謝你……蒼空同學！」

我向爺爺道別後，朝回家的方向狂奔。

19 牛奶與雞蛋之謎

回到家，爸爸已經依照原訂的計畫回來了。

「爸爸，歡迎回家！」

我好想馬上撲進爸爸的懷裡，但礙於蒼空同學就站在我身後，所以我忍住了。

「我帶了很多禮物回來呢！」爸爸說。只見茶几上擺滿了許多伴手禮，全部都是零食！有巧克力、餅乾、牛奶糖和糖果，我對著堆積如山的零食露出苦笑。

「您好。」蒼空同學向爸爸打招呼，爸爸眨著眼睛說：「哎呀！歡迎歡迎，真是稀客！」

蒼空同學將卡士達螺旋麵包遞給爸爸，說道：「這是我們想要送給您的禮物！」

「咦？什麼什麼什麼？這是什麼？」爸爸雙眼發亮，大喊大叫。

「這是蒼空同學做的卡士達螺旋麵包。」我說。

「理花……小姐也有幫忙。」可能是有點緊張，或是不好意思直接喊我的名字，蒼空同學支支吾吾的說。

理花小姐是什麼啊，我聽了噗哧一笑，蒼空同學頓時面紅耳赤。

「你和理花一起做的？好厲害！可以直接放在店裡賣了。」

爸爸迫不及待地一口咬下螺旋麵包，然後表情誇張的大聲歡呼著：

「好好吃！」

蒼空同學看了樂不可支，開心的笑了起來。

「可是，我們有個怎麼也弄不懂的問題。那個……」我翻開實驗筆記，詢問爸爸：「到底是要把牛奶加進去，還是加到牛奶裡呢？」

爸爸聽完後，若有所思的點點頭。

「關於這點……」爸爸顯然已經知道答案了，可是我突然出聲打斷

爸爸。「等一下！先不要告訴我答案！」

「為什麼？」蒼空一臉莫名其妙的問道。

「因為這麼有趣的問題，不自己思考的話，實在太可惜了！」我不想放棄透過實驗，自己找出答案的那種感動。

「來做實驗吧！蒼空同學。」

聽我這麼說，蒼空同學和爸爸都瞪大雙眼，然後同時笑了出來。

我說了什麼奇怪的話嗎？

正當我開始緊張的時候，蒼空同學笑著說：「看來理花真的很喜歡理化呢！」

「小科學家誕生了嗎？」爸爸稱讚著我。

爸爸坐在實驗室的角落，我要求他絕對不能透露答案，所以爸爸只能像個客人，坐在實驗室裡默默地看著我們。只不過那張圓板凳對他來說似乎太小了。

我把實驗筆記攤開，放在屋子正中央的實驗桌上。

蒼空同學嘴裡念念有詞，搔著頭說道：「把牛奶加入、加到牛奶裡……到底有什麼差別？我覺得都一樣，但為什麼會失敗呢？」

「先在筆記本裡寫下問題。」爸爸常常說不懂的時候，寫下來可以整理思路。

我看著爸爸，爸爸很高興的點頭。

「『加到牛奶裡』。」我把蒼空同學說出來的話寫在筆記本上面。

「『蛋和砂糖和麵粉』……這裡太多字了，就以『蛋液』統稱它們吧！

來看看『加入蛋液』和『把牛奶加到蛋液裡』有什麼不同？這兩者之間的差別？」我寫下來。

總覺得有什麼東西卡在腦子裡，感覺答案都已經來到喉嚨口，就是說不出來。

這時，爸爸略帶遲疑的說：「要不要現在再試一次？我們家也有現成的材料。」

那就來試試看吧！

爸爸跟以前一樣，邀我一起做實驗，我抬起頭來，看到爸爸的臉上滿是喜悅的笑容。

實驗室的桌子上，擺著兩個調理盆，一個裝著用卡式爐加熱過的牛奶，熱氣從碗裡上升，看起來好燙。

另一個調理碗則裝著「蛋液」，也就是由蛋、砂糖和麵粉混合拌勻的液體。份量跟製作奶油的時候一樣，蛋液很黏稠，看起來很像做鬆餅的麵糊。

「我要開始囉！理花請仔細幫忙看。」蒼空同學喊著。

我點點頭，應了一聲。

蒼空同學用湯匙舀起蛋液，加到牛奶裡，只見加到牛奶裡的蛋液立刻結成一塊，感覺就像蛋液在加入的那一刻也同時凝固了。

跟昨天一樣，這麼做果然會結塊……等等？

我不解的側著頭。

結塊？

這個字眼令我耿耿於懷。為什麼？我一邊思考，一邊心不在焉的看著蒼空同學的動作。

「咦？」蒼空同學突然停下手邊的動作。

「怎麼啦？」

「妳看。」蒼空同學指著調理盆，我探頭過去看，蒼空同學把牛奶倒進蛋液裡，這次並沒有結塊，牛奶逐漸融入黃色的蛋液裡。

咦？怎麼會這樣？到底為什麼？這跟剛才到底差別在哪裡？

「這麼一來好像就不會結塊了？」

「嗯，好像是。」

見我們陷入苦思，爸爸的聲音從背後傳來。

「蒼空同學，可以讓我看一下嗎？」

蒼空同學點點頭，伸手去拿調理盆，我連忙阻止他。「碗很燙，不能直接拿！」

可惜我的忠告慢了一步，蒼空同學的手已經碰到調理盆，幸好他沒有被燙到。

「還好，已經不燙了，別擔心。」蒼空同學說道，我的腦中突然閃過一個念頭。

不燙了——原來如此！

「啊！我知道了！是因為溫度！」我喊了起來！

這跟加到熱水裡會變成水煮蛋是同樣的道理！牛奶一開始會很燙，這時加入蛋液的話，就會因為熱而凝固！

「可能是因為牛奶的溫度！」我大聲的說，蒼空同學也附和：「對啊！不過……」但又疑惑的搖搖頭。

「作法寫著熱牛奶，所以，就算把牛奶倒進蛋液裡，牛奶也還是熱的呀？」

「說的也是，既然如此……問題還是出在『把牛奶加入』和『加到牛奶裡』的差別嗎……」果然問題又卡在這裡。

感覺就快要弄清楚真相了，眼前卻還是一片尚未散開的迷霧。這時，有人「咚咚咚」敲門。

「打擾了！」

媽媽充滿活力的走進來，手裡捧著托盤，托盤裡有三個茶杯。「大家的臉色都好凝重啊！稍微休息一下吧！」媽媽把點心放在實驗桌上，再放下茶杯。

芳香的氣味撲鼻而來，聞起來好像是紅茶。

「茶很燙，喝的時候要小心一點！」媽媽有些不自在的對著蒼空同學微微一笑，然後離開實驗室。因為我幾乎沒帶朋友回家過，媽媽可能有點緊張吧？

我伸手去拿杯子，立刻把手縮回來。

「蒼空同學，小心點，真的很燙！真是不好意思啊！我的媽媽廚藝不太好……」

「要不要加點冰塊降溫呢？」爸爸說道，他起身從冰箱裡拿出大量的冰塊。

看到冰塊，蒼空同學又驚又喜：「這個實驗室好神奇啊！什麼都有！還能做甜點，我都想住下來了！」

我笑著把一顆冰塊放進杯子裡，只見冰塊發出細微的聲響，然後逐漸變小。

「這裡有很多冰塊可以使用，蒼空同學如果怕熱的話，也可以做成冰紅茶飲用！」

聽到爸爸的建議，蒼空同學的眼睛為之一亮。實驗室確實有點悶熱，額頭都冒出一層薄汗了。

趁我開窗的空檔，蒼空同學一口氣在他的杯子裡放入五顆冰塊，大量的冰塊以相同的速度慢慢融化。

我在一旁看著，心想差不多該冷卻了吧？把我的茶杯湊近嘴邊。

「好燙！」

「理花很怕燙嗎？」

「嗯，有一點，可是我想喝熱的。」

因為做成冰紅茶，茶的味道會變淡，所以我總是提醒自己不要加太多冰塊。

先加一顆，再加一顆……以一顆一顆慢慢追加的方式，讓紅茶降到可以入口的溫度。

冰塊融化的速度比剛才慢，但入口的時候還是很燙。那就再加一顆吧！再加一顆冰塊……咦，這次居然沒有融化……咦？

「啊！我好像……明白了？」我叫了起來！

「明白什麼？」

蒼空同學被我嚇了一跳，我拚命整理腦子裡的思路。

「第一顆冰塊一下子就融化了，第二顆冰塊稍微慢一點，第三顆冰塊融化得更慢了！」

「這不是廢話嗎——」蒼空同學話才說出口，馬上也恍然大悟。

我用力點頭。

之所以會產生這樣的結果，是因為紅茶一開始很燙，但是連續加了幾個冰塊，先加入的冰塊讓紅茶冷卻了。換句話說——

「在牛奶裡加入蛋液時，因為牛奶還很燙，蛋液一下子就凝固了！可是，如果反過來，把牛奶加到蛋液裡，蛋液會讓牛奶降溫！所以不會馬上凝固！」

「就是這個！理花太厲害了！」蒼空同學大聲歡呼，和我擊掌！

真的答對了嗎？

我望向爸爸，爸爸用力的為我們拍手。「正確解答！」

我們不約而同的大聲歡呼，亢奮的像是贏了什麼比賽似的。

我和蒼空同學激動萬分，爸爸徵求我們的同意：「願意聽我說明一下嗎？」見我點頭，爸爸興高采烈的補充說明：「蛋黃凝固的溫度大約在六十五度到七十度，熱牛奶的溫度大概是九十度。所以，就像理花說的，一開始加入的蛋液會立刻凝固，這就是結塊的原因。至於在蛋液裡一點一點加入牛奶，則會出現相反的結果。一開始加入的牛奶會立刻被蛋液冷卻，變得沒那麼熱，所以『把什麼加到什麼裡面的順序』其實非常重要。」

答對了！好高興！靠自己努力思考找到答案，比別人告訴自己更有趣。

「嗯！果然很有趣，料理就是科學啊！」見爸爸說得眉飛色舞，我恍然大悟。

身為科學家的爸爸，還有身為甜點師傅的爺爺都說過這句話。啊！對了！不是料理很像做實驗，而是料理本身就是科學實驗。

實驗！理花的科學講座……③挑戰完美的水煮蛋！

水煮蛋的凝固，會依據在沸騰熱水裡加熱的時間和溫度而異！也就是說，可以煮出我喜歡的「蛋黃全熟水煮蛋」嗎？不妨調整煮蛋的時間，找出自己最喜歡的熟度！記得，蛋黃凝固的溫度為六十五度到七十度！

用火的時候，千萬要小心，別燙傷了。

動動腦想一想

蛋黃和蛋白凝固的溫度其實不太一樣，如果照正常的方式煮，會先從外側的蛋白開始凝固，那麼，大家知道要怎麼煮出蛋黃凝固，但是蛋白還軟綿綿的溫泉蛋嗎？

想到的話，就實驗看看吧！

※實驗時，記得要先跟家裡的人報備喔！

既然如此，說不定——蒼空同學口中「製作殿堂級的甜點」說不定就是「進行殿堂級的實驗」？

殿堂級的實驗——

這幾個字讓我內心充滿興奮與期待……

當天傍晚，我把捧在懷裡的書舉到頭頂上，那是我從實驗室帶回來的元素圖鑑，夕陽照亮封面的原石，它跟以前一樣耀眼，閃閃發光。除此之外，還有昆蟲圖鑑、宇宙圖鑑、恐龍圖鑑……我把實驗室的書全都搬回來了。

好久沒拿在手裡的圖鑑，感覺沉甸甸的，我想仔細重看一遍，於是把圖鑑全部擺在桌上，不經意看見圖鑑上的微弱陰影，順著望向窗口。

陰影的真面目是一隻圓滾滾、閃亮亮，停在紗窗上的紅色瓢蟲。

「哇，是七星瓢蟲！」

我伸出手指要牠過來，瓢蟲爬上我的指尖。好久沒有這種癢癢的觸感了，我突然覺得好感動。

啊！我果然喜歡昆蟲。

「我……喜歡理化！」

喜歡的東西就說喜歡，原來是如此幸福的一件事。

我朝著夕陽伸直食指，瓢蟲開始往上爬。當牠爬到我的指尖時，微微顫動翅膀。

「飛吧！」我輕聲說道。

瓢蟲精神抖擻，飛向被夕陽染紅的天邊。

幾天後。

「蒼空同學，你要去醫院嗎？」放學後，我在樓梯口問他，蒼空同學笑嘻嘻的點頭。

今天是爺爺出院的日子。

也就是說，蒼空同學從今天起，要正式拜爺爺為師了，難怪他看起來心情雀躍。或許因為這樣，從早上開始他就一副魂不守舍的樣子，上課被老師提醒了好幾次。

「加油！」

「謝謝！」

蒼空同學擺出勝利手勢，一溜煙跑走了。

望著他的背影，我有點失落。

蒼空同學的爺爺是貨真價實的甜點師傅，想必蒼空同學已經不需要我的協助了。蒼空同學將以做出「夢幻甜點」為目標，展開忙碌的每一天，所以我們不能再像以前那樣，天天一起做「實驗」了。

沒想到——

「理花，我有事拜託妳！」第二天放學後，蒼空同學又埋伏在櫻花樹下等我，把我嚇了一大跳！蒼空同學的表情很沮喪，急死我了。因為蒼空同學每次躲在這裡等我的時候，好像都是遇到麻煩的情況。

「怎麼啦？蒼空同學。」

「聽我說……店裡來了新員工！」

「什麼？」

仔細詢問之下，原來是爺爺很欣賞看到徵人啟事，前來應徵的人。

爺爺決定與新來的員工一起重新開門做生意，所以連徒弟都稱不上的蒼空同學又被禁止進入烘焙坊了。

這、這可真是太糟糕了……

「你要拜託我什麼？」

「嘿嘿嘿……」蒼空同學笑得有點不好意思，因為他對我提出的要求竟然是——

「打擾了！哇，設備果然很齊全！不只有冰箱，還有水波爐和卡式爐，根本什麼都能做了嘛！」

蒼空同學拜託的事，居然是想在我們家的實驗室裡面一起做甜點。

我平靜的回答：「好啊！」但我內心其實想高呼萬歲。

「我要用在這個實驗室裡做出來的甜點，讓爺爺跌破眼鏡！目標是成為殿堂級的甜點師傅！」蒼空同學把雙手擺在嘴巴兩邊，圍成擴音器的形狀說話，我看了忍不住笑出來。

如果蒼空同學立志成為殿堂級的甜點師傅……

「那我……我也要把成為殿堂級的科學家做為目標！」我鼓起勇氣模仿他，這次輪到蒼空同學開心的笑了。

笑聲從實驗室裡傳開，我們要在這個什麼都有、什麼都不奇怪的實驗室裡展開**殿堂級的實驗**！

後記

大家好！非常感謝大家收看《理科少女的料理實驗室》！同學們有沒有跟理花他們一起享受料理和理化的樂趣啊？如果看了這本書，能開始覺得理化有點好玩的話，我就很開心了！

我從小就很喜歡閱讀關於食物的繪本，像是這本書裡提到的《小白熊的鬆餅》和《古利與古拉》，還有《傷腦筋先生》系列等等。我很嚮往出現在書裡，看起來很好吃的食物，沒想到我也會成為寫這種故事的

人！（笑）

其實我跟理花的媽媽一樣，不太會做菜！（笑）也不擅長做甜點……（苦笑）。但我卻寫出了這個故事，就連我自己也覺得很不可思議呢！就像我剛才提到的，我原本就很喜歡看美食的書，也很喜歡理化（科學）！如同故事中提到的，料理很像理化的實驗！廚師或甜點師傅每天都在研究要把什麼加什麼東西一起攪拌、怎麼做才能做得美味可口。這個過程跟科學實驗非常相似——甚至可以說它就是製作「美味」的科學實驗本身。

料理即科學！這麼想的話，原本不擅長的料理也會變得有趣呢！

這次出現在故事裡的甜點，我全部都做了一遍！當然也失敗了好幾次！但就算失敗也不能浪費，所以我全部吃光了……（淚）。書中提到的作法都是我實際做過，確定可以成功，而且非常好吃的作法。所以請放心的試試看！

如果問我有沒有什麼特別推薦的甜點，我推薦卡士達醬。把它夾在吐司裡真的非常好吃！如果各位真的做了，請務必告訴我感想！

最後，感謝nanao老師提供這麼多好看的插圖！把理花畫得聰明又可愛，讓蒼空同學活力充沛的樣子看起來耀眼極了。我還把他們設定成電腦的桌布，每次休息的時候，都能夠從他們身上得到力量……真是太幸福了！

真的非常感謝第八屆角川Tsubasa文庫小說獎的各位評審委員看見這部作品，頒獎給這本書！還有給予我許多建議的責任編輯，讓這部作品變得比參加徵文時更加精彩，光靠我一個人肯定無法完成這本書，感激不盡！除此之外，也要謝謝所有參與本書製作過程的朋友，未來也請多多指教。還有總是支持我的家人，感謝你們讓我能夠無後顧之憂的創作小說，讓我感到幸福！也謝謝所有拿起這本書的人！

希望各位能繼續支持接下來的故事，支持理花他們繼續做殿堂級的實驗！

這個故事最初刊登在二〇二〇年十一月的短篇小說集裡面，緊接著推出的第二集，說的是夏天的故事（笑）。有很多美味可口的甜點和有趣的實驗！敬請期待！

山本史

★參考文獻★

《食物與廚藝（On Food and Cooking）》哈洛德·馬基（Harold McGee）著，邱文寶、林慧珍、蔡承志譯

蒼空的 藍天甜點教室

和我一起立志成為殿堂級的甜點師傅吧！

Patisserie Fleur招牌
蒼空與理花的熱卡士達醬

材料

蛋黃	3顆	麵粉	30g
砂糖	70g	牛奶	200ml

重點在於要先仔細的熟讀作法喔！

❶ 為材料秤重！ ❷ 仔細的把蛋黃和砂糖攪拌均勻。

❸ 把麵粉加到❷裡面，稍微攪拌一下。

❹ 一點一點的把熱牛奶加到❸裡面，攪拌均勻。

是把「熱牛奶倒進去」！各位已經知道原因了，對吧？

❺ 把❹倒進小鍋裡，開中火，攪拌均勻。
要用力攪拌到呈現濃稠狀喔！

❻ 攪拌到呈現柔滑細緻的狀態，在燒焦前先關火。

用火的時候要在家人的陪同下喔！

❼ 移到方形淺盤裡，用冰塊一口氣降溫……

是不是很好吃？萬一失敗了，要「驗證」喔！

加入香草莢，風味會更道地！

※料理時記得要先跟家裡的人報備喔！

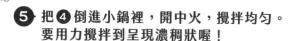

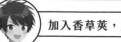

下集預告

蒼空

理花，這次我一定要讓爺爺
刮目相看！

理花

嗯！
一起做殿堂級的實驗吧。

蒼空

以後在學校也正常
說話吧！

理花

等、等一下！我和百合同學的心結
還沒有解開……怎麼辦？

**在這樣的情況下
轉學生來了！？**

**對理花很感興趣，
害理花陷入與蒼空同學
拆夥的危機！？**

理花

我不要因為誤會而分開啦！
蒼空同學——

**理花和蒼空
問題多多的夏天開始了！**

故事館
故事館 026

理科少女的料理實驗室 1：好吃的祕密是這個啊！？

理花のおかしな実験室〈1〉お菓子づくりはナゾだらけ!?

作　　者　山本 史
繪　　者　nanao
譯　　者　緋華璃
專業審訂　施政宏（彰化師範大學工業教育系博士）
語文審訂　張銀盛（臺灣師大國文碩士）
責任編輯　陳彩蘋
封面設計　張天薪
內頁設計　陳姿廷

出版發行　采實文化事業股份有限公司
童書行銷　張惠屏・侯宜廷・林佩琪・張怡潔
業務發行　張世明・林踏欣・林坤蓉・王貞玉
國際版權　施維真・王盈潔
印務採購　曾玉霞・謝素琴
會計行政　許俽瑀・李韶婉・張婕莛
法律顧問　第一國際法律事務所　余淑杏律師
電子信箱　acme@acmebook.com.tw
采實官網　www.acmebook.com.tw
采實臉書　www.facebook.com/acmebook

I S B N　978-626-349-306-3
定　　價　320 元
初版一刷　2023 年 7 月
劃撥帳號　50148859
劃撥戶名　采實文化事業股份有限公司
104台北市中山區南京東路二段95號9樓
電話：(02)2511-9798　傳真：(02)2571-3298

線上讀者回函

立即掃描 QR Code 或輸入下方網址，連結采實文化線上讀者回函，未來會不定期寄送書訊、活動消息，並有機會免費參加抽獎活動。
https://bit.ly/37oKZEa

國家圖書館出版品預行編目資料

理科少女的料理實驗室 . 1, 好吃的祕密是這個啊 !? / 山本 史作 ; nanao 繪 ; 緋華璃譯 . -- 初版 . -- 臺北市 : 采實文化事業股份有限公司 , 2023.07
304 面 ; 14.8 × 21 公分 . -- (故事館 ; 26)
譯自 : 理花のおかしな実験室 . 1, お菓子づくりはナゾだらけ !?
ISBN 978-626-349-306-3(平裝)
1.CST: 科學 2.CST: 通俗作品
307.9　　112007722

RIKA NO OKASHINA JIKKENSHITSU
Vol.1 OKASHI ZUKURI HA NAZODARAKE!?